书在版编目（CIP）数据

明地球·数字地球·美丽地球建设研究／赵平等
-- 北京：中国经济出版社，2021.4
BN 978-7-5136-5388-6

.①透… Ⅱ.①赵… Ⅲ.①数字技术－应用－地质
研究 Ⅳ.①P624-39

国版本图书馆 CIP 数据核字（2021）第 061473 号

划　汪　京　雷　生　刘金龙
辑　孙东健
制　马小宾
计　MXK 设计工作室

行　中国经济出版社
者　中煤（北京）印务有限公司
者　各地新华书店
本　710mm×1000mm　1/16
张　16
数　226 千字
次　2021 年 4 月第 1 版
次　2021 年 4 月第 1 次
价　78.00 元
营许可证　京西工商广字第 8179 号

济出版社 网址 www.economyph.com 社址 北京市东城区安定门外大街 58 号 邮编 100011
如存在印装质量问题，请与本社销售中心联系调换（联系电话：010-57512564）

透明地球·数字地球

建设研究

赵 平 等◎编

·北 京·

图
透
编著.
IS
I
勘探－
中

选题策
责任编
责任印
封面设

出版发
印 刷
经 销
开
印
字
版
印
定
广告经

中国经
本版图书

版权所

编写组成员

赵　平　林中月　徐俊峰　曹正军　江　涛

李　培　张　宏　宋思哲　张　卓　张　昊

赵彦雄　张怀柱　高天扬

序一
PREFACE

近日，中国煤炭地质总局赵平同志送来他们团队刚刚臻稿的新作《透明地球·数字地球·美丽地球建设研究》，并希望我撰短文为序。承蒙盛情，欣喜得以先睹为快。带着专业的好奇和兴趣，读着新颖的书名，翻阅厚实的书稿，分享丰硕的成果，喜悦钦佩之情和颇多感悟体会不禁油然而生。

党的十八大以来，党中央高度重视产业现代化水平的提升。习近平总书记高瞻远瞩，明确指出要深刻把握发展的阶段性新特征新要求，坚持把做实做强做优实体经济作为主攻方向，一手抓传统产业转型升级，一手抓战略性新兴产业发展壮大，推动制造业加速向数字化、网络化、智能化发展，提高产业链供应链稳定性和现代化水平，加快构建并尽快形成新发展格局。

地质勘查作为推进工业现代化和国民经济发展的先行性、基础性行业，自中华人民共和国成立以来，一代代地质勘查工作者踏遍了祖国的山山水水，基本摸清了我国矿产资源赋存情况，为工业化发展提供了有力的资源保障，为国民经济发展做出了不可替代的贡献。

进入“十四五”时期，面对新形势新挑战，以中国煤炭地质总局为代表的中央地勘企业，坚持以新发展理念为指引，做习近平生态文明思想的坚定信仰者、忠实践行者、不懈奋斗者，以保障国家能源安全、生态安全为己任，系统剖析人与自然环境的关系，充分认识当前宏观经济环境及世界大局发生的深刻变化，研究并创新提出了投身“透明地球、数字地球、美丽地球”建设战略愿景，科学界定了新时代地勘企业的发展方向，探索地勘企业转型升级并提出了一条全新的发展路径，是践行习近平生态文明思想的最新研究成果。

近年来，中国煤炭地质总局喜报频传：不断以实际行动践行建设“透明地球、数字地球、美丽地球”战略愿景，承担“国家大型煤炭基地开发潜力研究课题”，进一步摸清我国能源赋存，有力保障能源矿产安全；自主开发的“取热不取水”技术成为行业标杆，积极推动能源企业绿色转型；蓝藻灭活深井技术为我国湖泊污染治理工作探索出了一条新路径；土壤修复、生活污水收集处理等技术助力乡村振兴。2020年更是落实习近平总书记重要指示批示精神，完成了青海省祁连山南麓木里矿区一体化综合治理，进一步彰显了地勘国家队的责任担当。前一段时间，我又从新闻中了解到，该局所属大地特勘救援队在山东栖霞笏山金矿抢险救援中，千里驰援，不懈努力，运用地勘新技术，率先打通了3号、4号生命通道，挽救了幸存的11名矿工生命，创下全国救援难度最大、速度最快、救人最多等多项纪录，以实际行动践行了“生命至上，人民至上”的总书记嘱托，有效保障了人民群众的生命财产安全，可以说是功勋卓著，贡献突出。

这次由赵平同志牵头完成的《透明地球·数字地球·美丽地球建设研究》一书，在原有基础上系统地阐释了地勘行业面临的机遇挑战，以及投身“透明地球、数字地球、美丽地球”建设的重要意义，并从多角度加以分析，充分运用最新理论、技术研发成果，详细阐述了相关发展方向、评估指标体系等，同时辅以地热能勘查与开发利用、智慧矿山数字建设、环境综合整治等典型工程实例，形成了一套比较完整的研究体系，对煤炭地质与化工地质勘查行业转型升级具有重要的指导意义。

东风劲吹千帆举，众志成城伟业兴。相信该书的出版会对促进我国地勘行业转型升级起到积极启迪作用。通过投身“透明地球、数字地球、美丽地球”建设战略愿景的推广实施，地质工作在新时期经济社会发展中起到的基础和支撑作用将进一步彰显，保障国家能源安全、生态安全的能力将进一步提升。衷心祝愿中国煤炭地质总局在此研究成果的基础上，结合实践不断探索，进一步总结完善我国地勘行业投身“透明地球、数字地球、美丽地球”建设的理论体系，促进地勘行业转型升级，为落实习近平总书记做实做强做优实体经济重要指示精神，推动能源革命，实现碳达峰、碳中和的奋斗目标，做出新的更大贡献！

以上肤浅体会，不揣谫陋，勉以为序。

陈存根

2021年2月

序二
PREFACE

人类社会在发展过程中一直与自然环境发生相互作用：一方面，我们向自然环境索取生存和发展所需要的物质和能量；另一方面，我们也向自然环境排放我们在利用各种物质和能量过程中产生的废弃物，而人与自然的和谐发展是现代文明社会进程中所追求的理想目标。

党的十九大明确了“建设生态文明是中华民族永续发展的千年大计”的理念。习近平总书记提出了“绿水青山就是金山银山”的生态文明建设思想。党的十九届五中全会提出了“促进经济社会发展绿色转型，建设人与自然和谐共生的现代化”的人与自然和谐共生的具体要求和目标，这标志着新时代生态文明建设迈入新阶段，我们要在人与自然和谐共生的内在要求下重新理解现代化的内涵，在发展方式、结构、模式等方面进行创新。

地质勘查工作是发现地下宝藏的“眼睛”，一直是我国能源与资源安全供给的基础保障，在国民经济中起着基础性、战略性、先导性作用；地勘行业也是资源、环境、经济相互联系的纽带，其研究的对象主要是地球本身的资源与环境。新时代生态文明建设理念的提出，使得地质勘查和生态文明建设成为地勘行业发展的重要方向。

在此背景下，2017 年以来，赵平同志带领中国煤炭地质总局研究团队，提出了建设具有核心竞争力的世界一流地质与生态文明建设企业集团的目标，开展了以投身“透明地球、数字地球、美丽地球”建设为方向的地勘行业“三个地球”建设体系研究，其主要理念是通过勘查地球资源与环境特征实现地球的“透明化”，各类数据信息的“数字化”，并勘查修复因自然灾害和人类活动等因素造成的环境问题，达到人类社会发展与环境和谐的“美丽化”。

“三个地球”建设理念是新时代生态文明建设思想在行业的具体化和

实践化，是新时代地勘行业勇于担当和担负历史责任的体现，也是新时代我国中央地勘企业转型升级的有力探索。

《透明地球·数字地球·美丽地球建设研究》是赵平团队多年研究的成果，全书系统阐述了投身“透明地球、数字地球、美丽地球”建设战略愿景的体系架构和内涵，从地球科学角度分析了开展有关建设的理论基础，从地质勘查技术角度分析了其技术基础，结合新时代地勘行业发展的新要求，提出了投身“透明地球、数字地球、美丽地球”建设战略愿景的重点发展方向，并根据地勘企业发展的需求，建立了相关评估体系，剖析了典型实例。本书是地勘行业实施创新发展理念和践行新时代生态文明建设思想的具体实践成果，全书理论内容和实践实例相辅相成，为地勘行业开展生态文明建设提供了重要的基础参考，对促进我国地质勘查行业高质量发展具有十分重要的启迪意义。

习近平总书记指出，“科学成就离不开精神支撑。”中国煤炭地质总局坚持“面向世界科技前沿、面向经济主战场、面向国家重大需求、面向人民生命健康”的“四个面向”要求，积极践行科学家精神，将新时代创新方向与传统地质勘查结合起来开展研究，取得了重要阶段性成果。衷心希望赵平同志带领的研究团队在投身“透明地球、数字地球、美丽地球”建设战略愿景的研究基础上，深入研究新时代国家能源矿产安全与生态安全问题，开展基础理论研究和关键技术攻关，为我国主体能源的安全绿色智能化开采和清洁高效低碳化利用提供坚实的科技支撑，为推动能源革命、深化矿产资源供给侧结构性改革、促进地勘企业转型升级与高质量发展做出新贡献，全力承担国家矿产资源安全保障中的新使命，完成“绿水青山”生态文明建设的新任务，推动实现碳达峰、碳中和的奋斗目标，支撑中国在国际发展战略中的新作用，为实现百年奋斗目标和中华民族伟大复兴奉献更大、更多的力量。

中国工程院院士 欧阳晓平

2021年2月

前言
PREFACE

人与自然的和谐是现代文明社会在发展过程中所追求的理想目标。进入新时代以来，我国对生态文明建设的要求纳入了国家经济社会发展“五位一体”总体布局，上升到国家战略高度。党的十九大明确了“建设生态文明是中华民族永续发展的千年大计”的理念，习近平总书记也提出了“绿水青山就是金山银山”的思想。地勘行业所开展的工作是链接资源、环境与经济发展的纽带与载体，其研究的对象主要是地球本身的资源与环境，通过研发和运用新技术，勘查地球的资源与环境特征，目标为地球的“透明化”，形式为各类地质信息的“数字化”，并且勘查修复因自然灾害和人类活动等因素造成的环境问题，达到人类社会发展与环境和谐的“美丽化”，这是习近平生态文明思想在地勘行业的具体化体现。为此，中国煤炭地质总局组织开展了“透明地球、数字地球、美丽地球”① 建设理论体系的系列研究。

本书即对该研究成果的归纳总结。全书共分八章：第一章，从新发展理念和“五位一体”总体布局以及经济高质量发展等角度分析了“三个地球”建设的时代背景，从地勘单位的使命担当和面临的机遇、挑战等角度阐述了“三个地球”建设的重大意义。第二章，从系统科学的系统论、信息论和控制论角度将“三个地球”纳入统一理论框架，从哲学角度介绍了地球认知的世界观，阐述了“三个地球”理论与技术的发展历程，界定了“三个地球”的基本概念，厘清了其理论、技术和应用方面的研究内容，同时分析了“三个地球”内部之间的区别与联系。第三章，从地球的结构、地质作用与地质过程、地球的资源和地球的环境三个角度简述了“三

① 为行文方便，在本书中，一般将“透明地球、数字地球、美丽地球”简称为“三个地球”。

个地球”建设的地球科学理论基础。第四章，阐述了“三个地球”建设的技术基础，其中“透明地球”技术从传统的地质填图、钻探、地球物理勘探及化学勘探等技术角度进行叙述；“数字地球”技术主要从遥感探测、地理信息系统等技术角度并结合网络大数据、AI、5G、VR等技术手段进行论述；“美丽地球”技术主要从资源绿色勘查与开发利用、生态地质勘查与生态环境治理等技术角度进行论述。第五章，主要介绍了“三个地球”建设的发展方向，通过对国内外“三个地球”建设不同领域的现状情况分析，提出地勘行业建设的重点领域为资源绿色勘查与开发利用、清洁能源的勘查与开发利用、生态环境地质勘查与治理、矿山安全生产的地质保障、地理信息与地质大数据开发利用、国家战略的地质保障等方向，同时提出了发展的目标和保障措施。第六章，阐明了“三个地球”建设的评估意义，构建了“三个地球”建设的评估指标体系，系统地说明了“三个地球”建设的具体评估方法。第七章，主要介绍了“三个地球”理论与具体的地勘行业工程相结合的典型实例，内容包括矿山地质环境勘查与恢复治理、地热能勘查与智能化开发利用、废弃盐矿空间利用、“智慧矿山”数字化建设、矿山安全生产的地质保障等，这些项目是“透明地球”“数字地球”“美丽地球”在地勘产业中典型的代表实例。第八章，主要阐述了地勘行业在“三个地球”理论指导下的新时代愿景与展望。

本书总体思路和基本架构由赵平提出并全程指导编纂。中央和国家机关工委原副书记、工会联合会主席陈存根，中国共产党第十九届中央委员会候补委员、中国工程院院士欧阳晓平为本书拨冗作序；中国煤炭地质总局所属单位的相关专家为本书的编写提供了相关数据与资料。在本书出版之际，特别向他们表示衷心感谢！

由于著者水平所限及写作时间仓促，书中难免存在疏漏，恳切希望广大同行专家与读者批评指正。

编著者

2021年1月

目　录
CONTENTS

3 “三个地球”建设的地学理论基础

4 “三个地球”建设的技术基础

5 “三个地球”建设的发展方向

7 “三个地球”理论的应用实践

概　述

本章主要介绍了“三个地球”建设的时代背景和重大意义，并从新发展理念和“五位一体”总体布局的要求以及我国经济高质量发展需求和供给侧改革等几个角度分析了“三个地球”建设的时代背景。最终，本章从地勘单位的使命担当和面临的机遇、挑战等角度阐述了“三个地球”建设的重大战略意义。

1.1

“三个地球”建设的时代背景

1.1.1 践行新时代新发展理念的必然要求

党的十八大以来，以习近平同志为核心的党中央在系统总结国内外经济发展经验与教训、全面分析经济发展宏观形势的基础上，针对我国发展中的突出矛盾和问题，提出了“创新、协调、绿色、开放和共享”的新发展理念。新时代地勘企业通过践行新发展理念，找到了全新的发展方向与发展路径：践行创新发展理念，解决企业自身发展动力问题；践行协调发展理念，解决企业发展不平衡问题；践行绿色发展理念，解决人与自然和谐共生问题；践行开放发展理念，解决发展内外联动问题；践行共享发展理念，解决职工共享企业改革发展成果问题（赵平，2019）。建设“三个地球”，是地勘企业在新时代、新历史方位开展业务领域、运用服务手段、追求愿景目标的高度概括与精炼，是新时代地勘企业践行创新发展与绿色发展新理念的具体实践。

1.1.2 贯彻“五位一体”总体布局的必然要求

中华人民共和国成立之后，特别是改革开放之后，我国社会经济快速发展。党的十八大以来，我们党在经济建设、政治建设、文化建设和社会建设“四位一体”总体布局的基础上，与时俱进、实事求是地形成并统筹推进经济建设、政治建设、文化建设、社会建设和生态文明建设“五位一体”的中国特色社会主义事业总体布局，将“生态文明”纳入总体发展布局之中，将经济发展与环境保护放在了同等重要的位置，体现了发展理念和发展方式的深刻转变。在新时代，地勘单位精准对接经济社会发展和生态文明建设对行业的需求，由单一的矿产资源勘查向“山水林田湖草”为一体的综合性自然资源勘查转变，以地质灾害治理、生态环境修复技术为依托，研究解决重大生态与环境问题，做生态文明建设的先行者，建设“美丽地球”。这也是贯彻落实“五位一体”总体布局的必然要求。

1.1.3 经济高质量发展的必然要求

伴随着发展理念以及发展方式的转变，中国经济由高速增长进入中低速高质量发展的“新常态”。同时，地质勘查市场的需求也发生了深刻转变，地勘单位在承担基础性、公益性、战略性地质找矿任务的同时，必须通过以“地质+”为抓手，加大5G、大数据、地质云等新兴技术手段和方法在传统行业的融合力度，拓宽服务领域，升级服务手段，提高行业的发展质量，这是适应中国经济发展“新常态”的必然要求。新时代地勘单位通过建设“透明地球”“数字地球”和“美丽地球”，加快地勘新兴产业的实体化，提升科技创新在地勘产业中的支撑作用，为培育地勘产业发展的新动能提供条件，加速推动中国制造向中国创造转变、中国速度向中国质量转变。

1.1.4 供给侧结构性改革的必然要求

进入新时代，我们国家经济发展所面临的问题，既有供给侧的，也有需求侧的，但问题主要发生在供给侧。要想更好地满足广大人民日益增长、不断升级和个性化的物质文化和生态环境需要，必须从供给侧发力，改善供给结构，提高供给质量。推进供给侧结构性改革，可以培育增长新动力、形成先发新优势、实现创新引领发展，是当前和今后一个时期我国经济发展和经济工作的主线。供给侧结构性改革，简而言之即去产能、去库存、去杠杆、降成本、补短板，概括为“三去一降一补”。自2016年推进供给侧结构性改革以来，“三去一降一补”改革成果显著，其中钢铁、煤炭等高能耗高污染行业去产能效果尤为显著。作为钢铁、煤炭等行业的上游行业，传统地勘行业受到严重冲击，传统地勘市场规模急剧萎缩，产业转型势在必行。投身“透明地球、数字地球、美丽地球”建设，拓宽地勘产业的发展方向和领域，既可以满足经济社会发展和生态文明建设对行业的新需求，改善地勘行业供给结构，也是新时代地勘企业主动适应供给侧结构性改革的必然要求。

1.2

“三个地球”建设的重大意义

1.2.1 新时代地勘单位的历史使命与责任担当

我国国土面积达960万平方千米，在全世界排第三位，能源与矿产资源种类多、分布广、储量大，很多自然资源储量位居世界前列，但我国超14亿的人口总量（国家统计局，2019年）使得人均资源占有量偏低。新时代，我国主要矛盾已经从“人民日益增长的物质文化需要同落后的社会生产之间的矛盾”转变为“人民日益增长的美好生活需要和不平衡不充分的发展之间的矛盾”。为解决这一矛盾，作为地勘行业领军企业，一方面，我们需要把目光瞄向深地、深空、深海等更广阔的空间，开发利用更多资源来满足经济和社会的发展；另一方面，我们要加强生态文明建设，保护和修复各类经济和发展带来的环境问题，为人民生活提供一个清洁、环保的环境。“透明地球、数字地球、美丽地球”建设正是基于此目的开展的，这是新时代地勘企业建设新时代中国特色社会主义事业的历史使命与责任担当。

1.2.2 地勘单位产业转型重大战略机遇

党的十八大以来，在创新、协调、绿色、开放和共享的新发展理念引领下，我国经济在发展方式上出现重大转变，经济进入中低速增长、高质量发展的“新常态”。在新时代，新能源资源勘查、民生地质、矿山地质环境治理、地质灾害、地质数据服务等需求持续增长，城市污水处理、废物综合利用、节能减排等“地质+”市场也持续增长。建设“透明地球、数字地球、美丽地球”，满足市场新需求，是新时代地勘企业实现产业转型升级从而做强做优做大的重大机遇。

1.2.3 为世界谋大同的中国方案有机组成

中华人民共和国成立70多年来，在中国共产党的坚强领导下，经过全国各族人民的共同努力奋斗，我国经济总量已经跻身为仅次于美国的全球第二大经济体，中国高铁、中国“天眼”（500米口径球面射电望远镜）、量子通信等全球领先，中华民族实现了从站起来、富起来到强起来的伟大飞跃。2013年秋，习近平总书记提出了共建丝绸之路经济带和21世纪海上丝绸之路的重大倡议。共建“一带一路”倡议正在成为中国参与全球开放合作、改善全球经济治理体系、促进全球共同发展繁荣、推动构建人类命运共同体的中国方案。建设“透明地球、数字地球、美丽地球”，服务“一带一路”沿线国家经济建设和生态文明建设，是新时代地勘企业参与“为世界谋大同”的中国方案的伟大使命。

2

"三个地球"建设的架构与内涵

本章阐述了"三个地球"的理论架构和内涵：从系统科学的系统论、信息论和控制论角度出发，将"三个地球"纳入统一理论框架；从哲学角度出发，介绍了关于地球认知的世界观，阐述了"三个地球"理论与技术的发展历程，界定了"三个地球"的基本概念，厘清了"三个地球"的理论、技术和应用方面的研究内容，并分析了"透明地球""数字地球""美丽地球"的区别与联系。

2.1

地球认知的世界观

2.1.1 古代神话中的地球认知

古代神话是人类早期对地球、对世界的初步认知。远古先民在生产生活中很早就产生了对地球的好奇与认识，由于那个时期生产力极其低下，先民的认知能力、认知范围很有限，他们所形成的人类最早关于地球的观念非常神秘，但这些神秘认知表达了他们对地球是什么、如何构成等的理解与解释。这些原初的思维、猜测、臆想经过不断的积淀，在进入文明社会后，以神话传说的形式记载并传颂下来。

早于前苏格拉底哲学的古希腊神话，主要源于荷马和赫西俄德，其经典作品有《伊利亚特》《奥德赛》《工作与日记》《神谱》等。在古希腊神话里，地球最初混沌无物，后来诞生了天父乌拉诺斯和地母盖亚，然后再有宙斯和众神；地球的中心是德尔菲，地球的形状是一个平面的圆形大地，就像一个"阿喀琉斯之盾"，由五层同心圆盘构成，最内圈是大地、天空、大海、日、月和所有星座；众神支配世界，变幻的意志支配自然，但自然中也有"命运"之力量存在，有自然界的严格秩序，即使神也得服从；到了赫西俄德那里，宙斯命令的产物是支配地球结构的非人格化力量，规定着地球的变化，同时，宙斯又是为人类利益而发出命令的。

中国古代神话则是殷商及之前先人对宇宙的初期观念的遗存，在之后的《淮南子》《山海经》等文本中记载和传承下来。在中国古代神话里，关于地球形状的想象与认知丰富多彩。中国古先民籍经验把大地视为方形的东西，有东、南、西、北四方，有中心，"中国者"就是方地之中心；天圆像盖，悬盖住大地，日月星辰分布天穹；天圆地方，笼盖万物，大地环水，地载于水，大地四极，中国居中。这样的地球、天体位置与结构，这样的神话想象，不仅是美丽传说，而且深刻影响着先民的生活与认知。另外，先民们也有众多的关于宇宙形成的神话想象。比如，古代神话“盘古开天辟地”中说：天地初成，混沌一体，盘古蕴生，犹似卵黄；开辟天地，盘古化身；清气升为天，浊气降为地，盘古周身化为山川万物，分布天地其间。另外，“女娲补天”“后羿射日”“嫦娥奔月”等神话也都异彩纷呈。这些神话反映着我们的古先民对天地形成、变化以及神人在其中的作用之类的猜测与想象。

往古来今、四方上下、宇宙洪荒、混沌元气、天人一体等关于宇宙、地球的基本概念，对天地万物、祖先神灵的崇拜，给殷商及之后的中国先秦思想打下了关于空间神话的深深烙印。中国古人特别重视位置的排列，从位置排列引申出秩序的确认，并进而确认身份、权力、地位。比如，对于周人的宗庙祭祀，《礼记·祭义》载，“建国之神位，右社稷而左宗庙”，祭天于郊坛，祭地于社稷，祭祖于宗庙。可以说，谁掌握这些位置认知与确认权，谁就掌握宗族、部族、国家的权力。西周时代，祝、卜、史、巫这些人因为执掌天人的沟通、方位的确认等事务，在神话之后逐渐形成中国初期的宇宙、地球等观念，把天方地圆、万物有灵、天人相通等神秘思想知识化。

古代神话蕴涵着先民对地球形成、变化、组成的机理机制的丰富猜测，开始了人类对地球的最初说明，表达了他们对关乎命运、人类利益和天人关系的神幻地球的关注与追求。古代哲学和近现代哲学的地球认知正是孕生于这些古代神话，远古神话寄托了古先民对美好地球的向往。

2.1.2 古代哲学中的地球认知

古代社会，先民在谋求生存的实践活动中会自发认知世界、自觉探索世界。这些认识不断丰富，这些探索材料日渐累积，慢慢地形成关于周围世界的整体思考和本质把握。先哲把这些思想系统化、理论化，构成那个时代对于世界的最高理论。

2.1.2.1 外国古代哲学的地球认知

古代哲学开始理智地对地球进行探索，构造出诸多超越神话的关于地球的认知。

前苏格拉底时期的自然哲学主要关注地球和世界是什么及其变化的构造与机制等问题，并对此做出各种深刻解释与说明。泰勒斯是史上记载的最早关注世界本原的哲学家。这世上存在着各种不同的事物，有些事物会转变成另一种事物，事物与事物之间经常有相互关联与相似。泰勒斯假定，有某种单一的元素，它是所有这些变化和现象的基础。这个“一”，就是水——水生万物，万物复归于水。泰勒斯开启了一个全新的思想领域，以一种抽象的观念来解释复杂的宇宙。其后，米利都学派的另外一些自然哲学家认为“不确定的无限制者”——“气”是万物产生的原初物质。毕达哥拉斯则认为万物都是数，事物之间存在密切关系，整个世界似乎是数与数协调的整体。毕达哥拉斯以数、形式探究宇宙和地球，并且提出了“球形大地”的看法。公元前4世纪前期，在西方世界里，“地球”的概念在毕达哥拉斯学派里形成。毕达哥拉斯学派开创了以数、形研究地球的先例，可以说是人类对于“数字地球”最早的认知雏形。这些前苏格拉底的自然哲学家对宇宙和地球的原初物质的认识，或归结为水、气，或归结为数、形。他们都有一种思维上的缺点，即以一种或几种原初物质去说明无限的现象，有以偏概全的失误。德谟克利特改变了思考的方法，他把宇宙、世界想象成一个整体，然后对之不断地一分为二，直到最后无法再分。这个不能再分的东西，就是组成这个世界的原初物质，他称之为原子。原子在虚空中组合成为万千具体事物。德谟克利特的原子说和结构分析方法开创了古希腊认知地球、宇宙的新天地，时至今日，依然有着启发意义。

总之，前苏格拉底的古代哲学家认为，地球万物最初源自始基，始基或是水，或是火，或是气，等等；地球存在的形态或为静止永恒，或为流变不居；地球存在着决定万物本质的东西，比如数形、逻各斯、努斯等，这些东西是地球变化的内在机制或规律。

在柏拉图哲学里，地球是一个理念决定的球状结构，类似一个由12块不同颜色的五边形做成的皮球，永恒的几何空间为所有物提供位置；人们眼中所见的现实世界只是理念的“分有”、摹写，真实的世界是理念；地球充满变化，但不是偶然和机械的，而是“分有”理念的有秩序和有目的的世界。柏拉图的地球认知是对毕达哥拉斯学派的进一步发展与深化，有我们今天“信息地球”的某种雏形状态，只是这些信息带有先验的性质。不过，柏拉图为后来的人理性地探究地球、宇宙指出了可行的方向。

柏拉图的学生亚里士多德集自然哲学和柏拉图哲学之大成，形成了古代最清晰全面的地球认知。此后，直到1600年，其间不断增减时代观点，所积淀的亚里士多德世界观成为在西方占据统治地位的世界观。亚里士多德认为，地球是宇宙的中心，其本身是静止的，其他天体绕地球转动；地球有四种元素：土、水、气、火，天体则由“以太”构成，这些元素都有自己的基本性质，基本性质决定其运动特征；物体运动总是趋于静止，除非又有外力或运动来源（图2－1）。

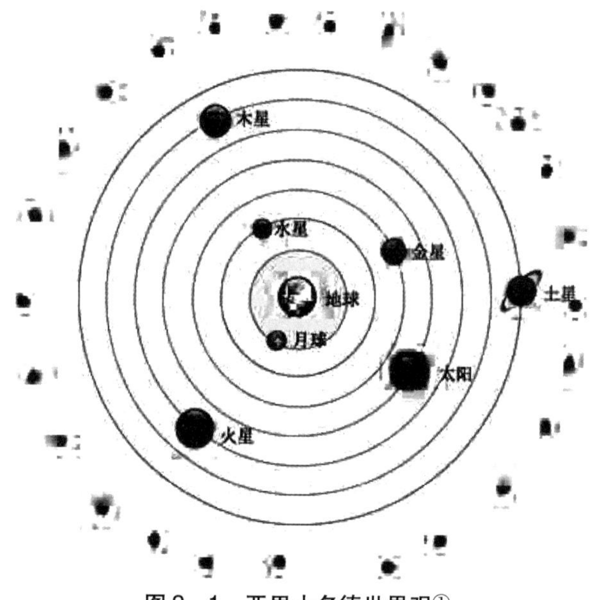

图2－1　亚里士多德世界观①

① 图片来源：理查德·德威特，2018。

亚里士多德探索事物的变化、运动、进化，认为事物有四个原因：形式因、质料因、动力因和目的因，不被推动的推动者是自然界所有变化的最终原因，这个不被推动的推动者是目的因。亚里士多德创造的这个用于追究世界根本原因的思想，引导后人形成了不断追问原因的思维方式，也影响了中世纪对上帝的认识。

2.1.2.2 中国古代哲学的地球认知

儒释道三家均有与地球相关的思想，其中以道家为主。中国儒家先贤有言：“天何言哉！四时行焉，百物生焉。”也就是说，自然之天具有自己的客观性，人们的行动必须符合这个规律。古代儒家强调时禁，《礼记·祭义》记载：“树木以时伐焉，禽兽以时杀焉。夫子曰：‘断一树、杀一兽不以其时，非孝也。’”时禁是古代儒家对改造自然的一种道德戒律，“毋变天之道，毋绝地之理，毋乱人之纪”，反映出古人关于地球生态的初步认知。在中国道家传统里，天地是伟大神秘的存在，有自己的内在规律性，“道可道，非常道”，人需要融入自然才能得真。《庄子·秋水》中，河伯问：“何谓天？何谓人？”北海若回答：“牛马四足，是谓天；落马首，穿牛鼻，是谓人。故曰：‘无以人灭天，无以故灭命，无以得殉名。谨守而勿失，是谓反其真。’”儒道先贤肯定天地创生没有鬼神的依据，所谓“子不语怪力乱神”，创生力量来自“天理”，是“道生一，一生二，二生三，三生万物”；因此，地球自然是一个天、地、人三位一体的系统，原生态而又神妙奇幻，“道法自然”，天人合一。

后世学者又融汇儒道，辩证阴阳五行，认为万物以五行为基，五行细化为气，秉承元气化生万物和人，形成蕴意深刻的古代五行思想。五行思想的深刻处在于寻求对地球和宇宙的自身解释，通过五行辩证说明万事万物的生成、变化和规律，不外求于神秘理念或上帝。

古代哲学在当时具备的生产力基础上，运用理智力量把握世界，其中包含着丰富的古代地球认识，对地球的组成、构架、机理、规律等都有可贵的探索，并且表达出对地球改造、利用和“与万物一体”的目标。

不过，无论东方还是西方，先贤们对于地球的认知都是非常狭隘的，他们的世界仅局限在生活世界，只是地球的一小部分；先贤们力图透过理念、原子偶然运动、五行辩证、天理等分析世界的本质，在某种程度上揭示出了地球的内在机理，但总体而言，古代的地球是不透明的、混沌的，人们无法勘探地球的多圈层、无法统筹地球的生态系统；关于地球的知识只能是猜测的、散乱的，缺乏对地球的科学描述，毕达哥拉斯式的数学表达也充满神秘性。因而，古代的地球不是数学的，只能是哲学的；地球的内在机理不明、地球的数学描述不科学，游牧、农耕时代的人们匍匐于自然威力之下，影响地球的能力极其有限，即使造成一些微弱的人为破坏，也处在自然恢复的限度内。因而，当时的地球处于原生态的淳朴状态：荒野、神秘、美丽。

2.1.3 近代哲学中的地球认知

伴随着近代科学的确立与发展，人们对地球的认知突破了古代社会的局限。近代世界观以经典物理学的世界观为核心，把地球看成各种物体机械构成的体系；每种物体间都存在复杂关联，但可以借助数学关系明确加以表达；地球的各个部分、各种物体都是客体，都是我们的认识对象与改造对象，而人类则是主体，是改造、征伐地球的主人；人与自然不再像古代那样浑然一体，而是日渐呈现对立与对抗的关系。

近代以来，地球不再是混沌的。地质学、地理学、生态学等涉及地球的科学不断分枝、细化，勘探、采矿等技术日益先进，人们对地球圈层相互作用、地球系统关系的了解逐渐深入，地球构造、演化的规律越来越被我们所把握，地球透明度不断增加，对地球的科学描述更加深入、全面，关于地球的科学数据更加丰富。高等数学、物理学等工具让我们发现地球秘密、挖掘地球信息、表达地球内涵的能力大大提高，地球各个部分的数学关系、物理信息不断累积，虽然当时尚无信息论、大数据之说，但人类对地球的技术表达、数学把握能力与日俱增，厚积的地球数据为“数字地球”的建构奠定了必要的基础。至此，地球不再美丽、神圣。自然之美、地球之魅沦丧，人与自然的原生态关系遭到前所未有的破坏，地球沦落为资源能源库，成为近现代化所征伐的对象物。尤其是工业化之后，人们利用不断提高的生产力从地球贪婪攫取资源能源，造成人为灾害、环境污染、生态失衡。

因为培根、笛卡尔的哲学贡献，亚里士多德的有机世界观被推翻，中世纪的蒙昧状态被打破；再因为自然科学的进展，尤其是机械物理学的发展，到牛顿时期，近代哲学的机械世界观形成，并成为之后相当长时期支配人们认知地球的核心观念。近代哲学认为，地球是客观天体的一部分，作为物体，完全是自然现象，不需要上帝的解释；地球由100多种基本元素构成；各种元素有自己的物理化学特性，万物间像机器零件一样存在相互作用，可以用数学定律、惯性定律、万有引力加以精确描述；“知识就是力量”，“给我空间和运动，我就可以造出宇宙”；人是地球的主体，人类认识地球主要是为了有效地摆脱自然的束缚，从而改造、征服地球。

近代哲学对地球的科学认识比之神话、古代哲学的猜测有巨大的进步，地球从有机、神秘中摆脱出来，开始变得透明起来，其构成、机制、内在关系等有了科学说明。随着近代人类对地球认知能力的提升，对地球的摄取能力也日益增强。原生态、令人敬畏的地球荡然无存，作为资源库、能源所的地球慢慢被改造得千疮百孔，地球开始失衡。

2.1.4 现代哲学中的地球认知

近现代科学是从哲学中分化、成长起来的，然后分门别类，开疆辟地，形成诸多学科分支。古代哲学和近代哲学对于地球的认识不仅有世界观的规定与指导意义，而且还有如今日地球科学一样具体的认识地球的功能。现代哲学已经不再具备具体的认识地球的功能，不过仍然有着世界观层面的顶层设计与理念指导的意义。

因为马克思、爱因斯坦等一大批伟大思想家的研究与实践，又因为相对论、量子理论和进化论等现代科学的发展，现代哲学实现了地球认知的质变，形成了以马克思主义哲学、地球科学哲学、生态哲学、生态文明理论等为代表的深刻影响地球认识的哲学体系。

在现代哲学视野里，世界不仅是机械的，而且是辩证的、历史的、演化的，牛顿世界观需要被扬弃；地球不仅是物体的构成，不仅是能源库、资源库和人类认识改造的客体，更是人类的家园；地球由数百种元素构成，但又处于一个演化的过程之中；地球的组成与演化具有规律性，人们对其内在机理、机制已经有了深入的探索，但仍存在未知甚至不可知的领域，因此，人类对地球的认识、实践具有边界；人不是宇宙、地球的中心或主人，人与自然是平等的，地球不再仅是我们改造的对象，而是包括人类在内的生物的"母亲"；人与地球休戚相关，地球认知应该与地球文明协调，"人地"应该和谐，应该构建一种新地球生态文明。

当代科学突飞猛进，知识大爆炸，技术大革命，尤其是信息论、控制论、系统论、计算机理论以及网络技术、大数据技术、AI、虚拟现实技术等的发展与利用让人类对地球的认知与探索达到前所未有的高度。

在当代，地球越来越透明。以系统论、自组织理论、突变论、协同论等为科学基础，我们对地球构成、关系、演化的内在机理机制把握更加深刻全面，借助重力法、电法、地震法、电磁法、放射法等探测新技术，我们"看"地球的方法更加多样，看得更加明白，过去混沌的、机械的地球观被扬弃，地球数字化程度不断提高。以信息论、计算机理论为科学基础，地球科学的研究、勘探成果已积累成为可观的地球信息库，通过运用虚拟现实技术、网络技术、AI 技术、大数据技术等集成地球数据系统，可将物质的地球、精神的地球、知识的地球、信息的地球整合转换为数字的地球。世界期待生态得以修复、完整性得以发展、风采焕发的"美丽地球"。古代的"美丽地球"建基在科技的匮乏、主体的蒙昧上，是原生态的混沌之美、神圣之美；近代的地球是科学的、机械的，美丽蜕变、魅力消却，原因是机械科技的局限、主体的张狂、发展观念的错误；如今，整体性科学、生态文明理论、科学发展观在理论层面破除了狭隘地球观的失误，令世人有了重建"美丽地球"的眼界、胸怀，借助绿色勘探技术、生态修复技术、灾害监测与防治技术，"美丽地球"已成为我们具有共识的可持续发展目标。

2.2

“三个地球”理论与技术发展历程

2.2.1 理论技术亟待完善的“透明地球”

地球是一个不透明的球体。法国作家儒勒·凡尔纳在他于1864年出版的科幻小说《地心游记》中，从艺术的角度给读者呈现出了一个“透明”的地下世界。与其不同，崇尚科学的地质学家们则致力于在理论和实践上将地球透明化。

在国外，南斯拉夫地震学家莫霍洛维奇、德国科学家古登堡相继发现了地壳与地幔分界面（莫霍面）和地幔与地核分界面（古登堡面）；魏格纳提出了大陆漂移说，其后发展为海底扩张说和板块构造说。在国内，李四光及其他地质学家也提出了地质力学说、多旋回构造学说、地洼说、断块构造说等，丰富了地质理论成果。这些理论为研究地球的构成和演化提供了基础。

在深地探测方面，尤其是钻探技术方面，国内外的钻探计划已为“地球透明化”做出不懈努力：苏联在科拉半岛历时15年完成了12 262米超深钻；由我国吉林大学自主研制的“地壳一号”也完成了7 018米的钻探。目前，在资源相关勘探开发过程中，几千米的钻探技术已经十分成熟。

尽管如此，我们距离地球透明化还有巨大的差距。在此基础，地球本身半径为6 000多千米，目前人类所开展的各类资源与地质调查的探测深度只集中在其半径的千分之一，相关理论与技术方法仍需不断探索。在此基础上，国内外开展了大量例如“玻璃地球”等相关针对地球本身的探测计划，从地球物理、地球化学、钻探、地质建模等不同角度推动“透明地球”的研究和应用。

2.2.2 大数据造就新一代“数字地球”

“数字地球”是地球观测、地理信息系统、全球定位系统、通信网络、传感器网、电磁标识符、虚拟现实、网格计算等技术的集成（“数字地球”北京宣言，2009）。20世纪90年代，美国首次提出“数字地球”的理念，这是一个与高新技术直接挂钩的概念。近年来，不同领域内衍生的“数字城市”“数字油田”“数字矿山”等各种概念不断涌现，并发展出了一定成果。

“数字地球”集成了海量的对地观测数据、导航数据、监测站点数据、轨迹数据、地球物理、地球化学、钻探数据，还包括传感网数据，甚至包括含有空间信息的文本、视频、经济数据。这些数据具有海量、多源、多尺度、多时相、多维、异构、非结构化、非平稳和非线性等特点。仅以遥感卫星为例，DigitalGlobe（美国“数字地球”公司）的每颗卫星每天环绕地球运行16圈，可以收集300万平方千米的影像。如果将这些卫星影像拼接起来，仅一天的影像就足以覆盖印度整个国家。

随着大数据等新一代信息技术的发展，对数字信息的收集、处理、应用等都将有质的变化，“数字地球”的发展和建设也会不断革新，会催生新一代“数字地球”的概念和理念，开启新一代“数字地球”的序幕。

2.2.3 “人类世”和绿色发展观催生“美丽地球”

2.2.3.1 “人类世”的提出

46亿年前，地球从原始太阳系星云中分离出来。地质学家将地壳分成了隐生宙和显生宙两个阶段。显生宙分为古生代、中生代和新生代三个时期，新生代又分为古近纪、新近纪和第四纪，第四纪又可分为更新世和全新世。更新世期间，全球经历了多次冰川运动。大约1万年前，冰川开始消退，地球进入全新世，高纬度和高山区变得越来越温暖，人类从此进入农业文明时期，开始对地球表面产生影响。

18 世纪末，瓦特改良了蒸汽机，人类进入工业文明时期，对地球的改造达到了前所未有的强度。到了 21 世纪，全球人口增加到 75.8 亿；城镇化率从工业革命时期的 5.3% 增长到 50%；全球只有不到 1/4 的土地未受人类影响；人类改变了森林、河流、土壤和大气，已经成为影响地质发展的主导因素。研究表明，在 5 200 多种官方认定的矿物中，有 208 种矿物的形成只与过去 200 年的人类活动有关。在沉船、矿山、矿井隧道甚至博物馆抽屉等不同地点都可发现新形成的矿物。其中，一种水钠钙铀矿会形成明亮的蓝色晶体，在古埃及青铜器中被发现。1885 年，在康沃尔海岸沉没的轮船残骸上，人们发现了氯锡矿，这种矿物是海水与船上装载的锡锭反应后形成的。最偶然的发现是钙矾石，它出现在橡木博物馆的抽屉里，因为放在抽屉里的矿物质与木头里的化学物质发生了反应，最终形成了一种新的矿物质。在奥地利，人们在史前祭祀焚烧点里发现了 4 种新矿物。而在固体垃圾填埋场里，人们扔掉了大量的电脑和其他电子设备，比如半导体芯片、磁铁、电机、金属片，甚至特制的玻璃。

人类在地球上留下了不可磨灭的印记，正在地质记录中创建一个独特的标志层，使我们的时间不同于过去 45 亿年中的任何其他时间。因此，2000 年，荷兰诺贝尔化学奖获得者保罗·克鲁岑提出了“人类世”的概念。他认为，由于人类对全球环境的巨大影响，地球已经告别了全新世，开始进入“人类世”。

2.2.3.2 绿色发展观

2019 年 5 月，由 34 名成员组成的“人类世工作组”投票决定，地球已进入新的地质时代——“人类世”。这个决定标志着全新世的结束，确认了人类发展对地球产生的深远影响。

发展原本指的是植物胚胎萌发和地质演化的过程。随着生物学、地球科学等自然科学被人们广泛接受，人们对未来发展和经济增长日益自信，生物学、地质学意义的发展概念逐渐延伸进入社会历史领域，成为一个描述社会由低到高不断进步的价值概念。发展观也由此逐渐成为西方规划社会经济策略、措施等的世界观依据。20 世纪上半叶，在凯恩斯主义影响之下，发展观直接成为一种解决人类基本经济问题的战略。

在这种发展观指导下，西方国家以 GDP 增长为主要目标，狂热推进经济增长。强调以经济增长为中心，则必然要求以生态环境为工具手段：为了经济增长，大肆破坏地球自然、随意开采矿产资源、浪费能源变得顺理成章；对于经济增长的偏执，不仅会造成日益严重的环境污染和生态问题，而且只顾眼前利益的行为伴随的必然是罔顾子孙后代的生存环境与资源。

严重的环境污染事件和生态危机，迫使人们开始对一味强调社会高速发展的旧发展观进行反思。1987 年，世界环境与发展委员会发布《我们共同的未来》报告，提出了世界发展的新思路即可持续发展。所谓可持续发展是“既能满足当代人的需要，又不对后代人满足其需要的能力构成危害的发展”。1992 年 6 月，联合国在里约热内卢召开环境与发展大会，发表了《21 世纪议程》等四个重要文件，提出了人类社会发展的新战略是可持续的发展战略，批判和否定了西方近现代化进程中形成的“高生产、高消费、高污染”的传统发展模式。

同年，中国发布《中国 21 世纪议程》，首次把可持续发展战略纳入我国经济和社会发展的长远规划。可持续发展战略包括总体可持续发展、人口和社会可持续发展、经济可持续发展、资源合理利用、环境保护等五个组成部分。党的十四届五中全会正式把可持续发展作为我国的重大发展战略提了出来，指出“在现代化建设中，必须把实现可持续发展作为一个重大战略。要把控制人口、节约资源、保护环境放到重要位置，使人口增长与社会生产力的发展相适应，使经济建设与资源、环境相协调，实现良性循环。”

随着我国经济社会环境的变化，党的十八届五中全会确立了“创新、协调、绿色、开放、共享”五大发展新理念。其中，绿色发展观是可持续发展战略的新形态，是对当代中国发展的理性把握，是人与自然和谐共生的发展模式。绿色发展观是在遵循经济、社会和自然规律基础上，在生态环境容量和资源承载力允许范围内，实现经济、社会、自然可持续发展的新型发展战略。坚持绿色发展理念，必须坚持节约资源和保护环境的基本国策，坚持走生产发展、生活富裕、生态良好的文明发展道路，加快建设资源节约型、环境友好型社会，形成人与自然和谐发展的现代化建设新格局。

2.3

“三个地球”的理论架构

虽然“透明地球”与“数字地球”在各自领域内已经发展多年，有各自的理论和应用方向，“美丽地球”的理念也已深入到生态、环境领域，但“三个地球”作为一个系统的整体，其理论体系仍在探索之中，理论框架尚未成形。

2.3.1 “三个地球”的界定

2.3.1.1 “透明地球”与“玻璃地球”

1999年，澳大利亚的Carr博士首次提出建设“玻璃地球”时指出，建设“玻璃地球”的目的是使地壳表面1 000米变得“透明（transparent）”（Carr，1999）。“玻璃地球”的主要任务大致可以分为四大类：地球物理技术、地球化学技术、建模技术、数据整合和可视化技术等。

国内外相关的“透明地球”科学计划的主要任务大致相同，且国内一些学者也沿用“玻璃地球”的表述。吴冲龙认为，“玻璃地球”的关键技术应该包括以下几个方面：①实现天、空、地和深部立体探测及数据采集的新技术、新方法（物探、化探、遥感）；②能满足多维（地下—地上、地质—地理、时空—属性）大数据的一体化存储、管理、调度的三维地质数据库技术；③复杂地质体、地质结构和地质过程的多维、全息、精细、快速和动态建模；④多维地质时空大数据的分析、融合与挖掘技术（吴冲龙，2015）。吴冲龙认为，“玻璃地球’建设的核心技术是信息技术。

随着大数据概念的兴起，国内的专家学者认为，在大数据时代，应该利用大数据技术实现地球的可视化和信息挖掘，使得地球更加透明。

“透明地球”和“玻璃地球”的目标是一致的，本质上都是利用地球物理、地球化学、空间建模和可视化技术，实现地球内部的更加透明化。“透明地球”与“玻璃地球”的研究手段也是一致的，都是“地物化遥感钻”（地质填图、物探技术、化探技术、遥感探测技术和钻探技术）和数据建模可视化等。然而，“地物化遥感钻”具有自身的局限性，要实现“透明化”地球，还需加大地球内部各圈层的相互关系、圈层内物质和能量循环等方面的理论研究，以实现“透明地球”建设。

中国工程院院士卢耀如提升了“透明地球”的内涵，他指出，“研究三维地质，应当加上时空概念，再研究其动态变化，实际上应是五维的研究。此外，加上岩石圈、水圈、大气圈、生物圈四个圈层的运动，以及相应的各种物理、化学、生物作用，这应是‘维’的现象。因此，真正的‘玻璃地球’，应当是六维的研究（图2－2）。”

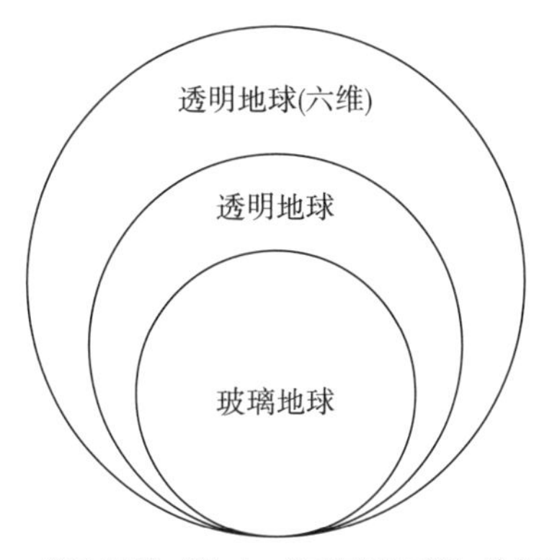

图2－2 “透明地球”与“玻璃地球”的相互关系①

总体上，“玻璃地球”是利用“地物化遥感钻”和数据建模可视化手段，建立一个可视化的地球，其核心仍然是信息技术。

2.3.1.2 “透明地球”与三维地质填图

三维地质填图的基本方法是全面采用地质信息系统技术，实现从野外

① 图片来源：滕艳，2014。

数据采集到室内综合整理和地质地理数据一体化存储管理，再到地质建模、图件编绘和空间分析，以及专题研究和应用的全程数字化、信息化和三维可视化（吴冲龙等，2011）。

美国、加拿大、澳大利亚等国家的三维地质填图工作开展得较早，三维可视化工作较为成熟，主要应用于地质体深部结构、矿产资源开发与管理、地下水资源调查、断裂构造变形监测、城市地质灾害防治等方面（郑翔等，2013）。我国三维地质填图工作开展得较晚，原国土资源部和中国地质调查局在2006年和2011年先后启动了三维城市地质填图试点和三维区域地质填图试点。

吴冲龙（2017）认为，三维地质填图与“玻璃地球”的建设目标一致、建设内容相似、建设方式协调，三维地质填图应该作为“‘玻璃地球’建设的基础”。总体来说，“透明地球”建设是一个系统工程，需要从理论、技术、方法、装备等多个角度进行革新，三维地质填图则侧重于信息表达，可以认为三维地质填图是“透明地球”的数字化和信息化（图2－3）。

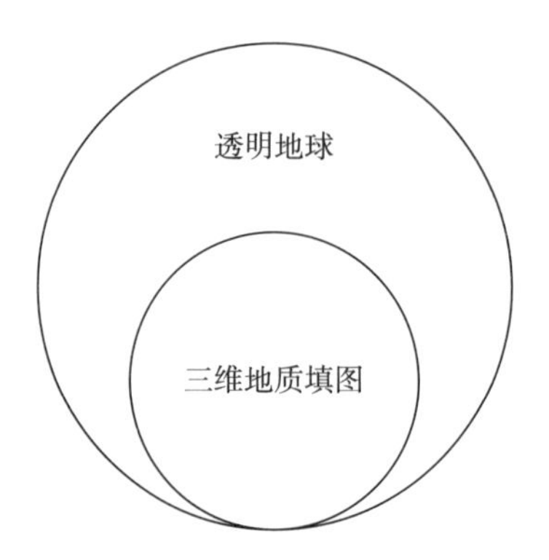

图2－3 “透明地球”与三维地质填图的关系

2.3.1.3 “透明地球”与大数据

大数据是“透明地球”的最大的特点之一。地质数据是天然的大数据，从研究对象上来看，包括地球形成与演化、多圈层结构、板块运动、矿物形成、地质灾害、岩体、地层、矿体、油气、土壤、沉积物、地下水等；从研究方法上来看，包括野外调查、物探、化探、钻探、遥感、分析测试和综合分析等；数据的表现形式也多种多样，包括图形、图像、视频、文本、三维模型等。地质数据具备大数据的4V 特点（Volume，Velocity，Variety，Value）。仅在10 年内，美国“透镜计划”获得的有关北美大陆结构、演化和动力学数据就已超过115TB（刘学，2014）。

“透明地球”是大数据的载体。地质数据具有多源、多时相、多维、多尺度、异构等特点，这些数据在空间上不连片，在时间上不连续，属性上不关联，难以实现地质数据的价值。“透明地球”通过建立一个一体化、高度集成的地质信息系统，实现地质数据的采集、存储、管理、可视化和应用，是地质大数据的有效载体。另一方面，深度学等大数据技术的应用，能够极大地推进这些空间上不连片、时间上不连续和属性上不关联数据的内在规律的发现，反过来又会进一步促使地球更加透明化。

2.3.1.4 “透明地球”与“数字地球”

“透明地球”以地质勘查技术为依托，依靠多专业、多学科、多领域综合手段，加强资源精细勘查、新能源开发以及地下空间探测。它的研究对象是地球的圈层结构、地壳的物质组成、岩石和地层的形成、各种地质作用、地层和岩体的性质、矿物理化性质等。它的研究方法包括地球物理、地球化学、钻探等方法。“数字地球”的研究对象是地球表层自然过程或人类活动的信息。它的主要研究方法包括遥感、地理信息系统、虚拟现实技术等。

吴冲龙等（2012，2015，2017）认为，“玻璃地球”是“数字地球”在地矿领域的体现。“透明地球”和“数字地球”的共同目标都是通过信息化、数字化和可视化技术实现地球的可视化。然而，目前基于3S 技术（遥感、地理信息系统和全球定位系统）而建立的“数字地球”框架中，并未充分考虑地表以下的三维空间结构。“透明地球”和“数字地球”无论在研究对象、研究方法还是在表现形式上都有不小的差异，至少在短期内，“透明地球”和“数字地球”还难以统一到一个高度集成的“数字框架”当中（图2－4）。

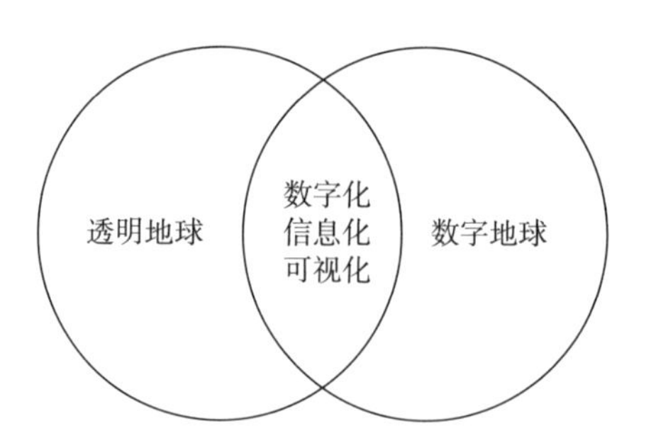

图2－4 “透明地球”与“数字地球”的关系

2.3.2 “三个地球”的研究内容

2.3.2.1 “透明地球”——传统地质学向地球系统科学的转变

以遥感技术为代表的空间信息技术的发展让科学家的视线从地表观测转向太空对地观测，科学家开始系统地观测全球，地球系统科学由此逐步形成。地球系统是由岩石圈、水圈、大气圈和生物圈组成的统一整体，它是一个多圈层相互作用的复杂巨系统，具有整体性、层次性、开放性、目的性、突变性、稳定性、自组织、相似性等特点。地球系统科学是地球科学与系统科学学科深度交叉的一门学科，其主要理论包括系统论、耗散结构、非线性理论等，其采用的主要方法包括传统地质方法、地球物理、地球化学、钻探和遥感等方法（图2－5）。

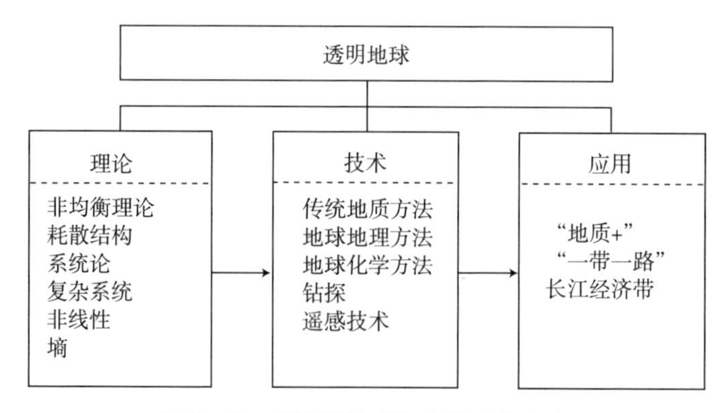

图2－5 “透明地球”主要研究内容

“透明地球”建设应在地球系统科学的指导下进行，着眼于多圈层、多尺度、多学科集成的研究手段，通过大跨度的学科交叉，构建地球系统演变框架，理解当前正在发生的过程和机制，揭示全球资源生态环境及社会多要素协同过程与机理，为我国可持续发展与生态文明建设及全球生态环境保护提供科学支撑。

2.3.2.2 “数字地球”——地质勘探向人工智能转变

“数字地球”是地球科学与信息科学、计算机科学的交叉融合。来源于地球系统的信息流在加工、处理、分析和模拟过程中，其信息形态经历了数据—信息—知识—数据的变化，信息属性也经历了客观信息—主观信息—客观信息的变化，地球空间认知在这种信息转变过程中完成（千怀遂等，2004）。“数字地球”的相关理论是信息科学理论在地球科学中的应用，包括信息流、自组织、自相似、突变和混沌、相关性和异质性等（图2－6）。1998年，时任美国副总统戈尔初次提出“数字地球”时，“数字地球”技术主要指空间信息技术（遥感、地理信息系统、全球定位系统）、网络技术和虚拟现实。随着技术的发展，“数字地球”的内涵也在不断发生变化。

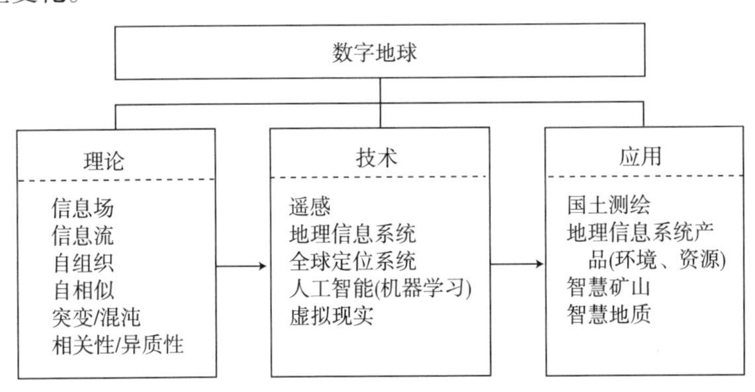

图2－6 “数字地球”主要研究内容

2007年，图灵奖得主吉姆·格雷发表了一次名为“科学方法的革命”的演讲，提出可将科学研究分为四类范式：经验科学、理论科学、计算科学和数据密集型科学。其中的“数据密集型科学”，现在也被我们称为“大数据科学”。

几千年前，人类主要靠描述和记录自然现象的方法完成对某一现象的科学研究，这是科学发展的初级阶段，称为“经验科学”，也就是第一范式。随着研究的推进，科学家们开始追求更精确、更系统地理解自然现象，并使用模型或归纳法进行科学研究，因此出现了第二范式，即“理论科学”。20 世纪中叶，计算机得到了发展，冯·诺依曼由此提出了现代电子计算机架构，利用电子计算机对科学实验进行模拟仿真的模式得到迅速普及。人们利用计算机对复杂的现象进行模拟仿真，推演出更多复杂的现象。计算机仿真逐渐开始取代实验，成为第三范式，即“计算科学”。随着如今数据的大爆发，海量数据不断生成和累积，计算机的功能已经不再仅仅满足于模拟和仿真，还要从海量数据中进行分析总结，得到理论。由此，数据密集范式理应从第三范式中分离出来，成为一个独特的科学研究范式。这种科学研究的方式被称为第四范式，这也是大数据时代下科学发展的必然。

1956 年，科学家们在达特茅斯学院的一次会议上首次提出了“人工智能”的概念，其后，人工智能渗透到各个行业。网络技术的发展催生了大数据概念，大数据概念使得人工智能重新成为热点。机器学习、深度学习、神经网络都可以归纳为人工智能的范畴。通过利用机器学习、深度学习等前沿技术为发展趋势的人工智能，是大数据时代地质发展的重要方向。未来地勘行业要基于大数据理念，运用现代数学理论、云计算、物联网、移动通信等新一代信息技术，加快推进庞大地质数据的智能处理和分析、可视化呈现步伐，逐步实现勘查技术手段智能化、精细化、快捷化，加快推进由“数字地质”向“智慧地质”转变，加快“数字矿山”“智慧矿山”研发建设步伐；提高资料数字化率，建立煤炭、化工矿产资源信息网络服务系统，提高地质信息资料综合利用率和社会化服务水平。

2.3.2.3 “美丽地球”——协调的人地关系

在早期地质勘探和矿山开采时，常常以资源为导向，未能充分考虑可持续发展和协调的“人地关系”，对人类生存空间造成了不同的危害，包括生态环境破坏、增加环境污染、土地利用效率低等（胡旭忠，2018）。

1955—1972 年的骨痛病事件是日本富士县神通川流域发现的一种土壤污染公害事件，其原因是神通川上游的铅锌矿在采矿和冶炼中未处理好排放的废水，导致大量含镉废水污染了周围的耕地和水源。油气钻探过程中的井喷有可能造成毁灭性的灾害，因为钻井液中会使用大量的化学药剂，如果残留在地面则能够造成较长时间的生态危害，其同期产生的噪声污染也十分严重。石油开发和炼制过程中产生的泄露原油、天然气、污水以及各种化学药品和废泥浆等污染物质，是造成生态环境恶化的重要因素（范明霏，2014）。根据鄂尔多斯市政府给内蒙古自治区政府提供的调研报告，仅鄂尔多斯市的伊金霍洛旗就因采煤造成耕地塌陷 2 万亩，林地、草地面积减少 2.8 万亩，严重影响了当地农牧民的生产生活，造成了巨大财产损失（王玉涛等，2015）。

（1）人地关系的发展

人地关系是人类和自然环境间关系的简称。在漫长的人类历史中，人地关系的思想经历了崇拜自然、改造自然、征服自然和人地协调的几个过程。在人类社会的早期，生产力极为低下，人类依靠采摘和狩猎生存，只能被动地适应自然。在这个阶段，人类对自然存在恐惧和崇拜。

新石器时期，人类文明进入了刀耕火种的时代，产生了原始农牧业。狩猎采集者中的一部分开始从事作物栽培和动物驯化饲养业，人与自然的关系由先前的完全依赖转化为顺应自然规律进而利用自然的阶段。这一时期的人地关系思想主要表现为“环境决定论”“或然论”（张秀清等，2009）。古典时期地理环境决定论的代表是希波克拉底（Hippocrates），他认为人类特性产生于气候，气候和季节变换可以影响人类的肉体和心灵；近代地理决定论的代表是黑格尔，他将地理环境看作精神的舞台，是历史的“主要的而且必要的基础”，不同的环境会有不同的历史进程。美国历史学家巴克尔（Buckle）的历史学基本框架是：地理、气候条件影响人的生理，生理差异导致人的不同精神和气质，从而有不同的历史进程（鲁西奇，2001）。

18 世纪中叶，人类进入工业文明时期，随着生产工具的革新和生产力的提高，人类利用和改造自然的能力大大增强。人类乘着蒸汽轮船踏足新的大陆，设立城镇、兴建工厂、开采矿产和开垦农田，此时人类从顺服自然转为征服自然，这个阶段的人地关系论转变为“人定胜天论”和“人类中心论”。

（2）生态文明思想

生态危机、环境破坏是工业文明的必然现象，是西方国家在工业化进程中相伴随的情况。只有扬弃、超越旧工业文明，建设、建构新型文明，才能从根源处真正解决问题。这种新型文明就是生态文明。

“美丽地球”作为专业概念是新近才出现的。20 世纪中叶，西方发达国家相继发生一系列环境事件，促使人们反思人与自然的关系，警惕工业化、城市化、现代化过程中地球环境破坏的危险。慢慢地，原先多少带有一些浪漫主义色彩的“美丽地球”审美，开始越来越多渗透进环境评价的因素，“美丽”的艺术框架里开始融入环境保护的内容。

可持续发展要求地勘行业进行转变，构建一种和谐的人地关系。2019年，习近平总书记首次提出了“美丽地球”的理念。中国煤炭地质总局提出在地勘领域开展“美丽地球”建设工作，这一工作思想是对习近平总书记“美丽地球”理念的贯彻落实与行业实践。地勘行业应该在可持续发展理论、生态文明理论、人地关系理论的指导下，开展绿色勘探、环境监测与修复和灾害防治，以实现地勘领域的“美丽地球”（图 2－7）。

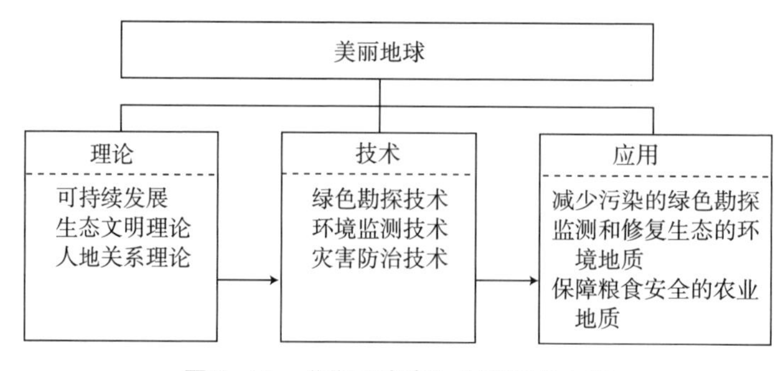

图 2－7　“美丽地球”主要研究内容

2.4

“三个地球”的相互关系

2.4.1 “三个地球”相互的理论联系

16 世纪之前，地理学发展比较迟缓，这个时期的成果只是对一些地理现象的描述。航海技术促进了地理大发现。后来，地球科学逐渐分化出地质学、水文学、气象学等。20 世纪 80 年代，人口爆炸、城市扩张、化石燃料的无节制使用以及大规模的土地利用等向大气中排放的大量 CO_2 所造成的温室效应改变了陆地和海洋生态系统，这些全球性环境问题的解决已经超过某个单一学科的范畴，比如全球变暖问题不仅仅是气候学家的研究范畴，也是海洋学家、生态学家、地球物理学家、地球化学家和社会学家的研究范畴。这些全球环境问题所涉及的也不仅是地球的一个部分或者地球的某一个圈层。美国国家航空航天局（NASA）因此提出了“地球系统科学”的观点，强调应该从地球系统的观点来研究全球环境变化，将地球的岩石圈、水圈、大气圈、生物圈当作一个有机的整体。地球系统科学成为大陆漂移理论和板块构造理论之后，地球科学领域的又一个重大理论。

“透明地球”“数字地球”和“美丽地球”实际上正是地球系统科学研究面临的三个问题：地球系统的内部运行规律问题；地球系统信息化问题；自然系统和人类系统相互作用问题（从社会学角度，也可以称之为人地关系问题和可持续发展问题）。“三个地球”是辩证统一的，“三个地球”之间既有区别又相互联系、相互渗透（图 2－8）。

从内容上，“透明地球”强调地球系统的整体性及各子系统之间的相互作用，它研究地球的四大圈层（大气圈、生物圈、水圈和岩石圈）及其三大过程（物理过程、化学过程和生物过程）的驱动机理和运行规律；“数字地球”强调对地球系统的观测、模拟和预测等；“美丽地球”则强调人地关系和可持续发展问题。

从学科上，“透明地球”依托地球科学（地质学、地理学、大气科学、地球化学、地球物理学、生态学）与系统科学的交叉渗透，强调应用系统科学的观点来研究系统内（外）部的物质、能量的相互作用；“数字地球”依托地球科学与信息科学的深度融合，强调信息论、计算机理论和人工智能理论来研究各种与地球相关的信息观测、集成、反演和预测，以实现地球的数字化、可视化表达，以及多尺度、多分辨率动态交互；“美丽地球”则依托地球科学与社会科学的交叉渗透，强调利用社会学、哲学、生态文明理论等来研究人地关系，以实现可持续发展问题。

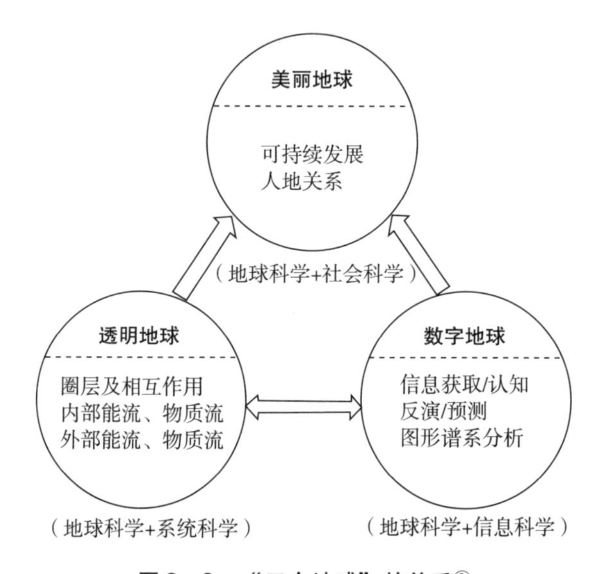

图2－8　“三个地球”的关系①

从方法论上，“透明地球”主要依托“地物化遥感钻”等手段获得地球系统各圈层相互作用的机理来实现；“数字地球”通过地球空间观测、表层监测和大陆深部探测等，并利用各类系统模型来实现对地球的观测和

① 图片来源：陈述彭，2004（有改动）。

模拟；“美丽地球”则是在理解自然系统和人类活动相互作用的机理的基础上，在可持续发展观和生态文明理论的指导下，通过规范相应的人类活动来实现。

2.4.2 “三个地球”相互的支撑关系

地勘行业的“三个地球”思想可以说是集成了人类对地球认识与探索的最新成果。当代科学突飞猛进，知识大爆炸，技术大革命，尤其是信息论、控制论、系统论、计算机理论以及网络技术、大数据技术、AI、虚拟现实技术等的发展与利用，让人类对地球的认知与探索达到前所未有的高度。

在当代，地球越来越透明。以系统论、自组织理论、突变论、协同论等为科学基础，我们对地球构成、关系、演化的内在机理机制的把握更加深刻全面，借助重力法、电法、地震法、电磁法、放射法等探测新技术，我们“看”地球的方法更多样，“看”地球看得越加明白，过去混沌的、机械的地球观被扬弃。

地球数字化程度不断提高。以信息论、计算机理论为科学基础，地球科学的研究、勘探成果积累成为可观的地球信息库，通过运用虚拟现实技术、网络技术、AI 技术、大数据技术等集成地球数据系统，物质的地球、精神的地球、知识的地球、信息的地球整合转换为数字的地球。

世界期待生态得以修复、完整性得以发展、风采焕发的“美丽地球”。古代的“美丽地球”建立在科技的匮乏、主体的蒙昧上，是原生态混沌之美、神圣之美；近代的地球是科学的、机械的，美丽蜕变、魅力消却，原因是机械科技的局限、主体的张狂、发展观念的错误；如今，整体性科学、生态文明理论、科学发展观在理论层面破除了狭隘地球观的失误，令世人有了重建“美丽地球”的眼界、胸怀、能力，借助绿色勘探技术、生态修复技术、灾害监测与防治技术，“美丽地球”成为我们具有共识的可持续目标。

“三个地球”理念针对共同的地球对象，但各自侧重某些工作方向，有不同的工作目标和方式方法；同时，又相互支撑与影响，形成一个相互勾连、蕴意丰满的指导思想布局（图2－9）。

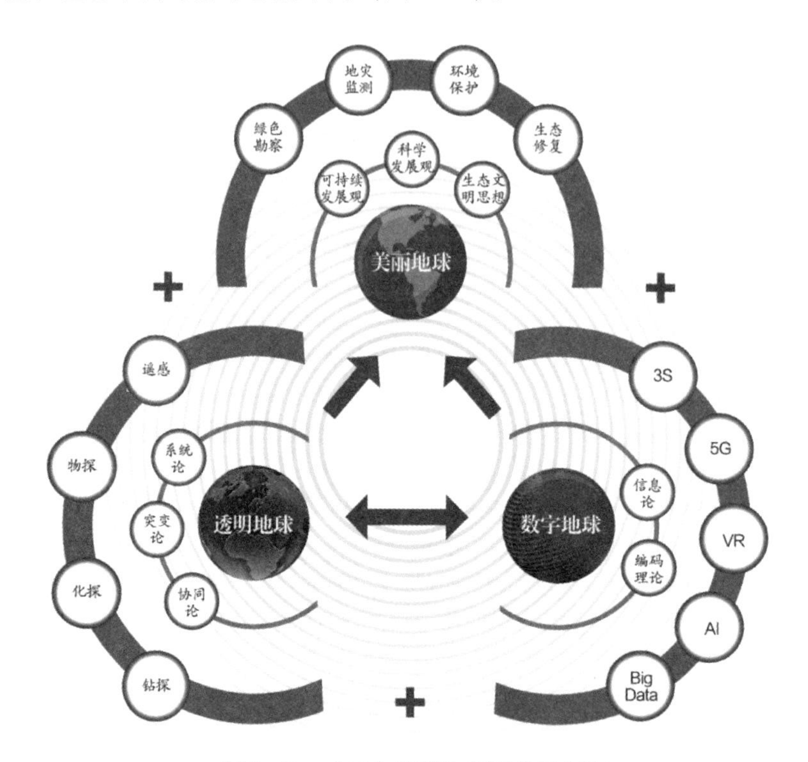

图2－9 “三个地球”相互作用用框架

“透明地球”侧重研究探索，它的直接目标是通过多理论研究，寻找地球多圈层的关系机理，了解地球系统形成、演化、内在关联的机制规律，让人像透过玻璃一样看见、勘探地球；它的对象是地球的物理规律性，它的手段是研究、勘探；它原先的目的是以地球的规律性理论指导资源勘探、采矿、资源利用加工等。

“数字地球”侧重信息挖掘与表达，它的直接目标是透过网络信息技术、大数据技术等构建虚拟地球，让人随时随地可以抓取地球的相关信息；它的对象是地球的数据信息，它的手段是建构、发现、表达。

就地球研究与实践而言，“数字地球”更多带有工具、框架的性质，它的信息数据有赖于“透明地球”的研究、勘探才能获得、积累与验证。

借助“数字地球”工具，“透明地球”的研究与勘探工作能够收到事半功倍的效果，即巧妙运用“数字地球”工具会让地球更加“透明”。这样来看，“透明地球”与“数字地球”是相互支撑、相互影响的关系，“‘透明地球’＋‘数字地球’”可使双方相得益彰。

“美丽地球”侧重地球的修复、建设，它的直接目标是治理污染、环境保护、灾害预测防治，它的根本目标是营建、守护适合人类生存与可持续发展的家园；它的对象是地球本身，是地球的美与生态的平衡；它的手段是政治、经济、文化、社会和生态“五位一体”的文明建设。

“美丽地球”的建设离不开“透明地球”“数字地球”的科学理论、技术方法、数字框架，“美丽地球”建设的成效、方向甚至问题都受到后两者的影响；而“透明地球”“数字地球”都以“美丽地球”为根本目标和基本的价值判据。“‘透明地球’＋‘美丽地球’”激活了地勘行业的新事业方向和产业活力，使其担当起生态文明建设的历史使命，而“美丽地球”也由此使其科技基础更加扎实，摆脱了先前匍匐于自然之下的奴役地位，让人们远离狂乱破坏生态的危险境地。“‘数字地球’＋‘美丽地球’”使得“虚拟地球”这个现代工具发挥出更大的作用，而“美丽地球”又规范着“数字地球”，使其能够真正落地，“虚拟”而不虚假，让“数字”更有意义，而不再仅仅是数字。

地勘行业提出“三个地球”理念，是一个创新。“三个地球”的任何单独一个概念，目前都有非常深入的研究与实践，都有自己相对独立的学术域与工作区间。因为它们有共同的研究对象，由此，理论上存在着必然的潜在关联。但实际上，在研究中，真正在三个方面密切相互支撑的情况并不多见，尤其是“美丽地球”与“透明地球”和“数字地球”的联系相当疏远。把它们作为整体思想加以研究与运用，不是三者叠加的加减工作，而是一种整合优化，尤其是地勘行业运用“三个地球”理念时，除了有行业转型、事业创新的意义之外，还有着超越本行业的启发意义。

3

“三个地球”建设的地学理论基础

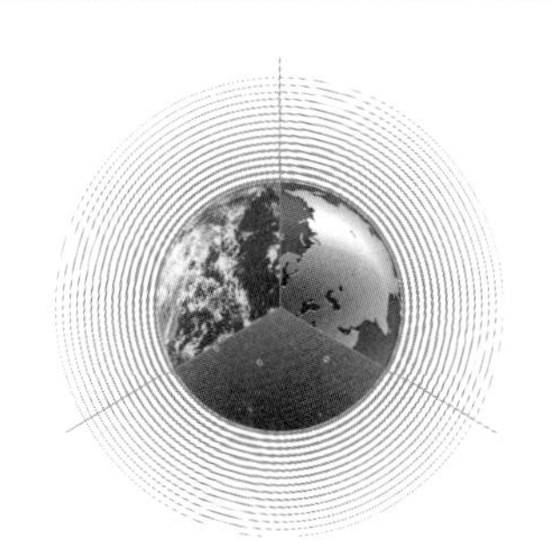

本章重点叙述了“三个地球”建设的地学理论基础，分别为地球的结构、地质作用与地质过程、地球的资源和地球的环境。“地球的结构”章节重点介绍了自人类开展地球研究以来形成的关于地球基本属性的认知，包括地球内外部圈层结构划分、各圈层物质组成及其基本物理、化学、循环特征等；“地质作用与地质过程”章节重点介绍了地质作用的类型划分、地质作用的能量和动力来源以及地质改造地球、影响自然和人类生产生活的作用过程；“地球的资源”章节重点介绍了矿产资源、能源资源、土地资源、水资源、生物资源的基本特征，各类资源对人类社会发展的基本功能、各类资源在国际和国内的分布情况、勘查开发利用现状以及未来发展趋势等；“地球的环境”章节重点介绍了与人类生存、生产、生活密切相关的大气环境、水环境、生态环境、地质环境、地理环境的基本功能、基本特点、分异规律以及各类环境与人类生存、发展、生产、生活的相互作用方式等。

3.1

地球的结构

3.1.1 地球内部圈层结构

3.1.1.1 地球各圈层的主要物理数据

地球为太阳系第五大行星，为一呈赤道略鼓、两极略扁的三轴椭球体，赤道半径约6 378km，极半径约6 357km，平均半径约6 371km，赤道周长约40 076km。地球内部结构可以划分为地壳、地幔和地核三个主要圈层，其中莫霍面至地表部分称为地壳，莫霍面至古登堡面之间称为地幔，古登堡面以下至地心称为地核。地球内部各圈层的划分、深度及特征见表3－1。

表3－1 地球内部圈层结构及各圈层的主要物理数据[①]

内部圈层		深度 km	地震波速度/km·s^{-1} 纵波V_P	横波V_S	密度ρ g·cm^{-3}	压力P MPa	重力g $10m^{-2}·s^{-2}$	温度t ℃	附注
地壳		0	5.6	3.4	2.6	0	981	14	岩石圈（固态）
			7.0	4.2	2.9	1 200	983	400~1 000	
地幔	莫霍面	33	8.10	4.4	3.32				
	上地幔	60	8.2	4.6	3.34	1 900	984	1 100	软流圈（部分熔融）
		100	7.93	4.36	3.42	3 300	984	1 200	
		250	8.2	4.5	3.6	6 800	989		
		400	8.55	4.57	3.64	7 300	994	1 500	
		650	10.08	5.42	4.64	18 500	995	1 900	（固态）
	下地幔	2 550	12.80	6.92	5.13	98 100	1 008		
			13.54	7.23	5.56	135 200	1 069	3 700	
地核	古登堡面	2 885	7.98	0	9.98				液态地核
	外核	3 170	8.22	0					
		4 170	9.53	0	11.42	252 000	760	4 300	固—液态过渡带
	过渡层		10.33	0					
		5 155	10.89	3.46	12.25	328 100	427		固态地核
	内核	6 371	11.17	3.50	12.51	361 700	0	4 500	

① 数据来源：注新文，2014。

3.1.1.2 地球主要物理性质

地球内部的主要物理性质包括密度、压力、重力、温度、磁性及弹塑性等。

（1）密度

地球总质量为 5.965×10^{21} t，平均密度为 5.517g/cm^3。但地表岩石实测平均密度仅为 2.7～2.8g/cm^3，说明地球内部必定存在比地表岩石密度更大的物质。地球内部物质密度从地表向地核变化规律如何？通过平均密度、地震波传播速度、地区转动惯量及万有引力等各方面的数据综合计算得出，地球物质密度从表层的 2.6～2.9g/cm^3 向下增加到地心处的 12.51g/cm^3，在一些不连续面有明显的跳跃增加，如在莫霍面（壳—幔界面）处，密度从 2.9g/cm^3 增至 3.32g/cm^3；在古登堡面（核—幔界面）处，密度从 5.56g/cm^3 剧增到 9.98g/cm^3。地球物质密度变化见表 3－1。

（2）压力

地球内部因存在物质分布而产生压力，在深处某点，其周围各个方向的压力大致相等，其值与该点上覆物质重量成正比。因此，地球内部压力总是随深度增加而逐渐增加。地球内部各圈层的压力大小及变化情况见表 3－1。

（3）重力

地球上任何物体都同时受着地球的吸引力和因地球自转而产生的离心力，两者的合力即为重力。在引力与离心力的共同影响下，因离心力随纬度增高而减小，所以重力值随纬度增高而增加，赤道处重力值为 978.031 8Gal，两极为 983.217 7Gal，两极比赤道增加 5.185 9Gal。

在地球内部，影响重力大小的不是地球总质量，而是所在深度以下的质量，所以地球内部重力因深度而不同。从地表到核—幔界面(2 885km)，重力值随深度增加，但变化不大，在 2 885km 处达到极大值（约 1 069Gal)，这是因为地壳、地幔密度低，而地核密度高，以致质量减小对重力的影响比距离减小的影响要小，但从 2 885km 到地心处，重力则迅速减小为零（见表3-1）。

（4）温度

地球内部显然是存在热量和温度的。热量或温度在地球内部的分布状况称为地热场或地温场。

地球不同深度热量来源和温度变化是不同的，地球表层热量来源主要是太阳辐射，受昼夜、季节、多年周期变化影响，这一层称为外热层，平均深度15m，最多不过几十米，该层温度从地表向下逐渐降低；外热层底部有一个温度常年不变的常温层；常温层以下，地球热量主要来源于内部，因此随深度增加而增高。我们通常把常温层以下每增加100m所升高的温度称为地热增温率或地温梯度，一般来说，大洋地壳要比大陆地壳的地热增温率或地温梯度要高。据实测，大洋地壳平均的地温梯度为4~8℃，大陆地壳平均的地温梯度为0.9~5℃。地表热流值或地温梯度明显高于平均值或背景值的地区称为地热异常区。地热异常可用于研究地质构造，对矿产资源的形成与分布也具有重要作用。地热还是一种清洁天然资源，可用于发电、医疗和民用供暖等。

（5）磁场

地球周围存在磁场，称为地磁场，是能够屏蔽宇宙射线、高能粒子，对地表生物起到重要保护作用的保护罩。地磁南北极和地理南北极正好相反，位置相近但不重合。长期观测证实，地磁极围绕地理极附近缓慢迁移。

地磁场具有方向和矢量，为衡量地球某点的磁场强度，通常采用磁偏角、磁倾角、磁场强度三个要素。地磁场由基本磁场、变化磁场和磁异常三个部分组成，其中基本磁场占地磁场的99%以上。现今比较流行的基本磁场主要起源于地球外地核以铁、镍组成的液态金属流动圈层，因电磁感应而产生磁场，现今强度基本稳定的地磁场即为基本地磁场。变化磁场主要是由太阳辐射、宇宙空间带电粒子流等因素引起并叠加于基本磁场之上的各种短期变化磁场，仅占地磁场的不到1%。磁异常是地壳内磁性矿物和岩石引起的局部磁场，叠加在基本磁场之上，利用磁异常可以进行找矿勘探和了解地下的地质情况。

（6）弹塑性

地震波为弹性波，能在地球内部传播，这表明地球具有弹性。地球弹性从宏观上表现为日、月引力交替下地表的交替涨落现象，称为固体潮，其幅度为7～15cm。同时，地球也表现出塑性，如在自转离心力作用下，地球赤道半径比极半径要大，常见的野外岩石强烈弯曲而未破碎或断裂的现象也是塑性表现。地球的弹性和塑性并不矛盾，是在不同条件下展现的不同性质。在作用速度快、持续时间短的力（如地震作用力）的条件下，地球常表现为弹性体；在作用力缓慢且持续时间长（如地球旋转离心力、构造运动作用力）或在地下深处较高的温、压条件下，则可表现出较强的塑性。

3.1.1.3 地球物质组成

认识地球内部物质组成主要依据以下几个方面：①根据各圈层密度和地震波速度与地表岩石或矿物的有关性质对比进行推测。②根据各圈层的压力、温度，通过高温高压模拟实验进行推测。③根据火山喷发、构造运动等搬运至地表的地下深部物质进行推断。④与地球捕获的陨石研究结果进行对比。

通过上述方法，现今对地球内部各圈层的物质组成与状态的认识如下：

（1）地壳

地壳为地球的表层，主要由沉积岩、岩浆岩、变质岩三大岩类组成，厚度在5～70km之间，大陆区地壳相对大洋区地壳较厚。地壳平均厚度约为17km，约为地球半径的1/375，约占地球总体积的1%，占地球总质量的0.8%。地壳物质的密度一般为2.6～2.9g/cm^3，其上部密度较小，下部密度增大。

（2）地幔

地幔是莫霍面以下、古登堡面以上的中间部分，从整个地幔可传播地震波横波来看，其主要由固态物质组成。地幔厚度约 2 850km，占地球总体积的 82.3%，占地球总质量的 67.8%，是地球的主体部分。根据地震波次级不连续面，大致可以 650km 深处为界将地幔分为上地幔和下地幔。

上地幔平均密度 3.5g/cm^3，与石陨石相当，可能具有与石陨石类似的物质成分。通过火山喷发和构造运动从上地幔带出的物质分析，其为超基性岩。根据模拟实验推测，地幔可能由 45% ~75% 的橄榄岩、25% ~50% 的辉石、5% 的石榴子石等组成。这种假想中的地幔物质被称为地幔岩，上地幔为岩浆的重要发源地。

下地幔平均密度为 5.1g/cm^3，由于下地幔压力较大，存在于上地幔的橄榄岩等矿物在下地幔分解成 FeO、MgO、SiO_2 和 Al_2O_3 等简单的氧化物。相较上地幔，下地幔物质化学成分的变化可能主要表现为含铁量的相对增加（或 Fe/Mg 的比例增大），物质密度和波速逐渐增加。

（3）地核

地核是地球内部古登堡面至地心的部分。由于地震横波在外核不能通过，同时纵波大幅衰减，从而推测外核为液态；由于地震横波在内核重新出现，从而推测其为固态。地核占地球总体积的 16.2%，质量却占地球总质量的 31.3%，地核的密度高达 9.98 ~12.5g/cm^3，超过地表最常见的金属铁的密度（8g/cm^3），在地核强大的压力作用下，完全能达到现有密度，且其密度与铁陨石接近，表明地核很可能为铁、镍的物质。同时，地球存在磁场，表明地球内部存在一个含有高磁性液态铁、镍的流动圈层，与地震横波不能通过液态外核的现象相符。目前推测，地核最合理的物质组成应是由铁、镍及少量的硅、硫等轻元素组成的合金。

3.1.2 地球外部圈层结构

地球外部圈层主要包括地表至大气层的外边界，主要包括大气圈、水圈、生物圈。各圈层虽各自独立，但又相互关联、相互影响、相互渗透、相互作用，共同促进地球外部环境的演化。

3.1.2.1 大气圈

大气圈是因地球引力而聚集于地球最外部的一个气体圈层，既是人类和生物赖以生存的必不可少的物质条件，也是维持地表恒温和水分的保护层，同时也是促进地表形态变化的重要动力和媒介。

（1）大气的组成

大气圈主要由氮、氧、二氧化碳、水及一些微量惰性气体组成，可分为恒定组分、可变组分和不定组分三种（表3－2）。其中，恒定组分为在地表任何地方其组成均基本不变的成分，主要由氮、氧、氩组成（三者共占大气总体积的99.96%）；可变组分是指随季节、气象、人类活动影响而发生变化的组分，主要包括二氧化碳、臭氧和水蒸气（目前大气中二氧化碳含量的增长主要因以现代工业为主的人类活动而形成）；不定组分主要指大气中可有可无的成分，如尘埃、硫化氢、氮氧化物等，通常是大气污染的主要成分，主要因火山喷发、森林火灾以及人类生产生活活动而产生。

表3－2 地球大气的主要组成成分

气体	体积分数/10^{-6}	气体	体积分数/10^{-6}
氮（N_2）	780 900	氪（Kr）	1.0
氧（O_2）	209 400	一氧化氮（NO）	0.5
氩（Ar）	9 300	氢（H_2）	0.5
二氧化碳（CO_2）	315	氙（Xe）	0.08
氖（Ne）	18	二氧化氮（NO_2）	0.02
氦（He）	5.2	臭氧（O_3）	0.01～0.04

（2）大气圈的结构

大气圈的界线并不明显，下部通常指地表及地表向下一定距离的空间，向上一般认为是向宇宙星际尘埃的密度过渡。自下而上，大气圈通常被划分为对流层、平流层、中间层、暖层及散逸层（图3－1）。

对流层是大气圈最下部圈层，厚度由赤道向两极变薄，平均厚度约11～13km，厚度受季节交替影响，一般夏季较大，冬季较小。对流层虽

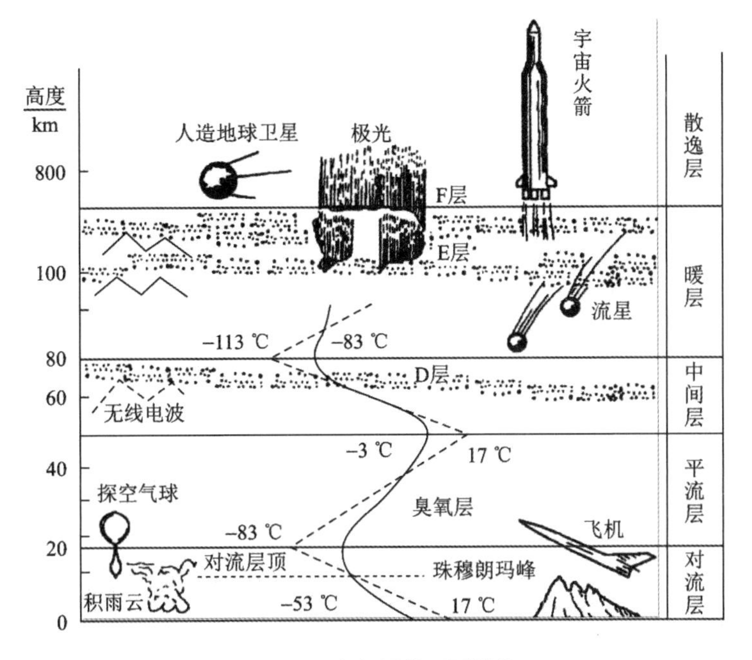

图3－1 大气圈的层圈结构

薄，质量却占大气圈总质量的70%～75%，且集中了大气圈几乎全部水汽和尘埃。对流层具有以下特征：①对流层热量主要来自地表辐射，因此温度随高度增加而降低，一般平均每升高1km，温度降低6℃，称为大气降温率；②大气具有强烈对流运动，几乎所有的气象现象均集中于对流层；③温度、湿度、气压等气象要素的水平分布不均匀，由此形成复杂的天气现象；④对流层受人类活动影响最显著，人类生产活动排放的大气污染物绝大部分都集中在对流层。

平流层是从对流层顶至35～55km高空的大气层，其质量约占大气圈总质量的20%。平流层最显著的特点是气流以水平方向运动为主，基本不含水汽和尘埃物质，因此不存在各种天气现象。平流层顶部分布着臭氧层，能吸收99%以上的对地表生物有害的紫外线，是地球生命的保护伞。

中间层是指自平流层顶至85km左右高空的大气层。该层气温随高度增大迅速下降，至中间层顶界气温降到－83～－113℃。由于下热上冷而出现空气的垂直运动，中间层顶部存在较弱的电离现象。

暖层又称电离层，为从中间层顶到800km左右的高空。该层空气稀薄，质量仅占大气总质量的0.5%。该层空气质点在宇宙辐射作用下温度迅速增高并被分解为原子而处于电离状态，该电离现象在远距离短波无线电通信方面具有重要意义。

散逸层也称外逸层，空气极为稀薄，是大气圈与星际空间的过渡地带，温度随高度增加而升高。因地球引力作用弱且高温下运动活跃，气体不断向外扩散。

3.1.2.2　水圈

水圈是由地球表层水体所构成的连续圈层，是一切生物必不可少的生存条件，对地球环境的形成和改造起重要作用。

（1）水圈的组成

水以气态、固态和液态三种形式存在于自然界。地球水体总质量为1.5×10^{18}t，体积约$1.4\times10^{18}m^3$，其中海洋水约占97.212%，大陆表面水约占2.167%，地下水为0.619%，大气水占0.001%（表3－3）。地球上的水体分布极不均匀。

表3－3　地球水圈组成及比例

分布类型		水量/$10^4 km^2$	比例/%
海洋		132 000	97.212
陆地表面水	河流	0.125	0.000 1
	淡水湖	12.5	0.009 2
	咸水湖	10.4	0.007 7
	冰川	2 920	2.15
地下水	土壤水	6.7	0.004 9
	浅层地下水	420	0.31
	深层地下水	414	0.305
大气水		1.3	0.001
总计		135 786 145	100

(2) 水圈的循环

水在自然界的不断运动和转换称为水圈的循环。水循环的最主要动力是太阳辐射能和地球重力能。在太阳辐射能下，固态水因吸收热量而融化为液态水，液态水因蒸发而进入大气，并随气流流动被输送至不同地带，水汽遇冷凝结则以雨、雪形式重回地面，又在地球重力作用下由高处流向低处。水在该两种能量作用下进行形式转变和位置转换，构成水圈的循环。水圈循环又分为大循环和小循环，其中大循环是海洋—陆地—海洋的完整水循环，小循环为陆地内部或海洋内部的水循环。

3.1.2.3 生物圈

生物圈是由生物及其生命活动的地带所构成的连续圈层，是所有生物及其生存环境的总称，生物圈中90%以上的生物及其活动集中于地表到200m高空以及水面到水下200m的水域空间内，是生物圈的主体。自然界中的生物，按其性状特征可分为原核生物界、真菌界、植物界和动物界四类。

原核生物是一类起源古老、结构简单的原始生物，其细胞内只有核物质，没有明显的核膜，为没有真正细胞核的原核细胞，基本上是单细胞，也有多细胞集合体。原核生物主要包括细菌和蓝绿藻。

真菌是一类低等的真核生物，无叶绿素，不能进行光合作用，营养方式为腐生、寄生。真菌分布广泛，与人类关系密切，许多种类可供食用或医用等，如酵母菌、青霉、蘑菇、木耳等。

植物是生物中较大的一个类群，遍布全球、种类繁多，可进行光合作用，为自养生物，根据有无根、茎、叶的分化以及有无胚，分为低等植物和高等植物。

动物是种类最多的生物，遍布自然界，为以植物、动物或微生物为食的异养生物。动物按有无脊椎分为无脊椎动物和脊椎动物两类。人类是目前主宰世界的最高级动物，创造了辉煌的现代文明。从生物学上讲，人是高等哺乳动物灵长类的一种，在生物分类中属于动物界脊椎动物门哺乳动物纲灵长目人科人属人种。

3.2

地质作用与地质过程

物质因风化、火山喷发、地震等影响，地表形态和景观会发生“沧海桑田”的变化。在地质学中，常把自然界引起地壳或岩石圈的物质组成、结构、构造及地表形态等不断发生变化的各种作用称为地质作用，把引起这些变化的自然动力称为地质营力。地质作用既有破坏性，又有再造性：一方面，它会破坏地壳或岩石圈中原有的物质成分、结构、构造和地表形态；另一方面，它又会不断形成新的物质成分、结构、构造和地表形态，不断改造着地壳或岩石圈，使其总是处于一种新的状态。

3.2.1 地质作用的能量来源

地质作用能量来源主要包括地球外部能源和内部能源。外部能源主要包括太阳辐射、日月引力、其他星体作用及陨石撞击等；内部能源主要包括重力、地热、地球旋转及化学能、结晶能等。

3.2.2 地质作用的类型

地质作用可分为表层地质作用和内部地质作用两大类。

3.2.2.1 表层地质作用

表层地质作用是指主要由地球外部能源引起的、发生在地球表层的地质作用，又称外动力地质作用。在地球外部太阳辐射能、日月引力能影响下，大气圈、水圈、生物圈不断运动和循环，成为外动力地质作用的重要地质营力。按照地质营力介质状态，可将其分为液态、气态、固态三种：

液态的地质营力主要包括江、河、湖、海、地面流水等地表水体；气态的地质营力主要包括大气和风；固态的地质营力主要为冰川。每种地质营力一般都按照风化、剥蚀、搬运、沉积和成岩的过程进行，代表了表层地质作用的序列。

风化是指在气温、大气、水及生物等因素作用下，地壳或岩石圈岩石、矿区在原地遭受分解和破坏的地质作用。风化可使地表岩石变得松软，为剥蚀创造条件，是表层地质作用的前导；剥蚀是风化破坏的岩石在各种地质营力（如风、水、冰川等）作用下被进一步破坏并被剥离原地的作用，可分为机械剥蚀、化学剥蚀和生物剥蚀；搬运则是指被风化、剥蚀的产物在地质营力介质的循环、运动作用下从一地搬运到另一地的作用，物质被剥离原地的同时即进入搬运时刻，分为机械、化学和生物搬运 3 种方式；沉积是指被搬运物质在介质动能减小或在物化条件发生改变后停止搬运、重新堆积的作用，分为机械、化学和生物沉积 3 种方式；成岩是指使重新堆积的松散沉积物固结并逐渐形成沉积岩的作用，一般分为胶结、压实和重结晶几个阶段。

3.2.2.2 内部地质作用

内部地质作用是指由地球内部能源引起的地质作用，又称内动力地质作用。内部地质作用起源和发生于地球内部，但可以影响到地球表层，如火山、地震等。

内部地质作用主要包括岩浆作用、变质作用和构造运动。

岩浆作用是指在岩浆的形成、运动、冷凝、结晶、成岩过程中，由于物理、化学条件变化，岩浆本身发生变化并对围岩造成一系列物质成分、物理性状改变的作用，分为侵入作用和喷出作用。岩浆侵入到围岩（未喷出地表）并冷凝结晶形成岩石的全过程，称侵入作用，相应形成侵入岩。岩浆喷出地表，在地表冷凝成岩并使地表发生变化的过程称喷出作用（火山作用），相应形成喷出岩（火山岩）。

变质作用是指由于物理、化学条件的改变，原来的岩石（沉积岩、岩浆岩及变质岩）基本上在固体状态下即发生物质成分与结构、构造变化并形成新的岩石的地质作用。变质作用通常在地下深处高温、高压条件下进行，并常有化学活动性流体参加作用。

构造运动是指主要由地球内部能源引起的地壳或岩石圈物质的机械运动。按物质的运动方向，可分为沿地球切线方向的水平运动和沿地球半径方向的垂直运动：水平运动主要引起地壳的拉张、挤压、平移、旋转，可使岩石发生强烈变形、变位，形成高大的褶皱山系；垂直运动可造成地表地势高差的改变，引起海陆变迁等。

3.3

地球的资源

地球资源是指由天然作用或人工作用形成的有使用价值的物质资源、能量资源和信息资源的总和。地球上资源丰富，种类繁多，与现代社会发展和人类生产生活密切相关。

3.3.1　矿产资源

矿产泛指埋藏于地下或分布于地表的可供人类利用的矿物或岩石资源。

3.3.1.1　矿产的相关概念

（1）矿床与矿体

矿床是由地质作用形成的，某些物质成分的质和量达到一定的经济技术指标要求，并能为经济发展所利用的综合地质体，其包含地质和经济两方面的含义。矿床的形成取决于地质作用规律，同时其范畴也取决于经济技术条件。随着经济技术条件的进步，现今不可利用的矿物和岩石将来也有可能成为矿产。矿体是矿床中的矿石堆积体，是开采的主要对象；矿体内不符合工业要求的岩石称为夹石。

（2）矿石与品位

矿石是矿体的主要组成部分，是可提取有用组分的矿物集合体，由可被工业利用的矿石矿物和无法被工业利用的脉石矿物组成。矿石中有用组分的含量称为品位，是衡量矿石质量的主要指标，大多以有用组分的质量百分数表示。

(3) 母岩与围岩

母岩是指提供主要成矿物质的岩石。围岩是指矿体周围的岩石。矿体与围岩的界线有时非常清晰，有时渐变过渡。过渡性边界通常依靠样品测试分析手段，并结合工业指标圈定矿体边界。

(4) 成矿作用

使分散在地球内部的元素相对富集并形成矿床的作用称为成矿作用，主要包括内生成矿作用、外生成矿作用和变质成矿作用，相应形成内生矿床、外生矿床和变质矿床。

内生成矿作用是指由地球内部能源影响而形成矿床的作用。比如，岩浆在上侵过程中，因温度、压力等条件的变化，导致不同元素或矿物发生冷凝分异聚集，从而形成不同矿床。与岩浆活动有关的矿床包括岩浆矿床、伟晶岩矿床、夕卡岩矿床、热液矿床和火山矿床等。

外生成矿作用是指由太阳能影响，在岩石圈上部、水圈、大气圈和生物圈的循环和相互作用过程中，于地壳表层形成矿床的作用。外生矿床成矿物质主要来源于地表矿物、岩石和矿床，其次是生物有机体和火山喷出物。外生矿床包括风化矿床和沉积矿床。

变质成矿作用是指在变质作用条件下形成矿床的作用。内生矿床、外生矿床以及某些岩石的矿物成分、化学成分、物理性质、结构构造等因温度、压力条件变化而发生改变，使有用物质重新富集或进一步富集而形成变质矿床。变质矿床包括接触变质矿床、区域变质矿床和混合岩化矿床。

3.3.1.2 矿产种类、分布与前景

(1) 矿产种类及分布

目前，世界上已知矿产有 1 150 多种。按矿产性质和工业用途，可分为金属矿产、非金属矿产和可燃有机矿产。

金属矿产：金属矿产是现代工业的重要支柱，目前世界已探明金属矿产 59 种，但分布极不均衡。我国已探明金属矿产 50 多种，分布也不均衡。我国钨矿、锡矿储量分别位居世界第一、二位。金属矿产按工业用途可分

为：①黑色金属矿产，如铁、锰、铬、钒、钛等；②有色金属矿产，如铜、铅、锌、铝、镁、镍、钴、钨、锡、钼、铋、锑、汞等；③贵金属矿产，如金、银、铂、钯、锇、铱、钌、铑等；④放射性金属矿产，如铀、钍、镭等；⑤稀有、稀土和分散金属矿产，如钽、铌、锂、铍、锆、铯、铷、锶、镧、铈、钐、钇、锗、镓、镉、硒、碲等。

非金属矿产：除少数非金属矿产是用来提取某种非金属元素（如硫和磷等）外，对于大多数非金属矿产，人们可直接利用矿物或矿物集合体的某些物理、化学性质和工艺特性。我国非金属矿产种类较多，已探明储量的非金属矿产约80种，其中硫铁矿、石墨、重晶石、高岭土等20多种在国际上占优势。

非金属矿产按工业用途可分为：①冶金辅助原料，如萤石、菱镁矿、耐火黏土等；②化学工业及化肥工业原料，如磷灰石、磷块岩、钾盐等；③工业制造业原料，如石墨、金刚石、刚玉等；④压电及光学原料，如压电石英、光学石英等；⑤陶瓷及玻璃工业原料，如石英岩、高岭土和黏土等；⑥建筑材料及水泥原料，如砂石、石灰岩、石膏等；⑦宝石及工艺美术可燃材料，如刚玉、玛瑙、水晶等。

可燃有机矿产：在本书中，可燃有机矿产按能源类型划分，详见“3.3.2 能源资源”。

（2）矿产资源前景

矿产资源因其不可再生性，故并非取之不尽，用之不竭。矿产资源分布极不均衡，在现代工业条件下，没有任何一个国家可以在所有矿产资源上完全自给自足。随着地表或近地表富矿日益减少，而人类对于矿产资源的需求量越来越大，人类已开始在多方面进行实践或探索，以提高矿产资源保障能力。

一是大量利用贫矿、杂矿、深部矿、新类型矿床、边远地区矿床。近年来，世界很多矿产储量增长在很大程度上是靠降低工业品位、扩大开采深度和发现矿床新类型取得的，寻找隐伏矿、深部矿以及一些近地表的大而贫的矿床。同时，随着开采、冶炼等方面的技术进步，重新评价已知矿床储量、研究老矿区潜力也具有重要意义。

二是开发海洋。海洋中蕴藏着极其丰富的矿产资源，如滨海砂矿是独居石、钛铁矿、磁铁矿、锆石、磷钇矿等的重要来源；海底金属软泥、锰结核、硫化物矿床等都有可能成为开采对象；海水中的矿物含量也相当丰富，含量较高的元素近60种，目前全球1/3的商品盐、1/5的镁、大量的溴均来自海洋。

三是减少矿床开采时的损耗，提高矿产利用率。回收利用各种金属或其他材料，也是解决矿产资源不足的重要途径。

总之，在矿产资源开发利用上，一方面要尽可能开源节流，另一方面也不必持矿产资源很快就要枯竭的悲观态度。实际上，随着新的科学理论和技术方法的问世并付诸应用，矿产资源勘查、开发、利用仍保持较大潜力。

3.3.2 能源资源

3.3.2.1 煤炭

（1）煤的概念

煤是由植物残骸经成煤作用形成的一种固态可燃有机岩，主要由有机质和无机质构成。有机质包括C、H、O、N、S、P等元素，C和H是构成可燃有机质的主要成分；无机质包括水分和矿物杂质，为不可燃部分；煤经燃烧残留下来的矿物杂质，称为灰分。

（2）煤的形成

煤是各种地质因素综合作用的产物，要形成工业价值的煤层，须具备聚煤条件和成煤作用两个基本条件。

聚煤条件：聚煤的首要条件是必须有充足的植物残骸来源，以保证成煤物质的供给；其次是植物残骸应与空气隔绝，以免遭受完全氧化、分解和强烈微生物作用而被彻底破坏。一般认为，沼泽地区是最适宜的环境。

成煤作用：从植物遗体堆积到形成煤层的转化过程称为成煤作用，分为两个阶段。

①泥炭化作用或腐泥化作用阶段：高等植物残骸随着不断堆积和埋藏深度增加，逐渐与空气隔绝，在厌氧菌作用下，形成多水和富含腐植酸的腐殖质，这就是泥炭，从植物堆积到形成泥炭的作用为泥炭化作用。低等植物藻类和浮游生物死亡后，在厌氧细菌的作用下，转变为含水很多的絮状腐植胶，腐植胶经脱水、压实形成富含沥青质的腐泥，从低等植物藻类和浮游生物沉积到形成腐泥的作用，称为腐泥化作用。

②煤化作用阶段：泥炭和腐泥形成后，随着埋藏深度增加、温度升高、压力增大，其逐渐转入成煤的第二个阶段，包括成岩作用和变质作用。泥炭或腐泥在上覆沉积物的静压力作用下，逐渐失水、压实、固结，挥发分相对减少，含炭量相对增高，分别逐渐转变成褐煤和腐泥褐煤，称为煤的成岩作用阶段。在温度、压力的进一步作用下，褐煤的分子结构、物理性质、化学性质不断发生变化，逐渐向烟煤、无烟煤转化，这一变化过程即煤的变质作用阶段。

（3）煤炭资源的分布、开发与利用

地球上的煤炭资源丰富，地理分布广泛，但又分布不均。总的来说，以两条巨大的聚煤带最为突出：一条横亘欧亚大陆，西起英国，向东经德国、波兰、俄罗斯，直到我国的华北地区；另一条也呈东西向，绵延于北美洲的中部，包括美国和加拿大。南半球的煤炭资源也主要分布在温带，比较丰富的有澳大利亚、南非和博茨瓦纳。北半球的煤炭资源总体多于南半球。

我国煤炭资源十分丰富，产、储量均居世界前列。煤炭资源主要分布在山西、陕西、内蒙古、新疆、贵州、宁夏、安徽、山东等省、自治区，以山西、陕西、内蒙古、新疆居多。

煤炭的使用已有 2 000 多年的历史。现如今，煤作为工业动力燃料，广泛用于火力发电、交通运输和冶金。同时，煤又是重要的化工原料，通过焦化、加工，可以得到煤气、煤焦油、氮肥、农药、塑料、合成纤维等上百种产品；煤燃烧后的煤渣可制耐火砖或煤渣砖，还可作水泥的配料；有些煤层含有镓、锗、铀等稀有或放射性元素，可供综合利用。

煤炭作为能源，也有一些不利因素：①发热量较石油低，运输不便，对其他工业的渗透作用不如石油强；②煤的转化技术虽已取得很大进展，但是大规模利用在经济上并不合算；③在煤炭的开采、利用和燃烧过程中，容易造成环境污染和破坏。

3.3.2.2 石油和天然气

（1）石油和天然气的概念

石油是一种存在于地下岩石孔隙中，密度为0.75～0.98kg/m^3，不溶于水，但溶于有机溶剂，具有荧光性的可燃有机矿产。石油的化学成分复杂，主要由碳氢化合物混合组成，纯粹由碳和氢两种元素组成的化合物简称为烃。天然气通常是指储集在地下岩石孔隙中的以烃类为主的可燃气体，其基本组分是甲烷，其次是乙烷、丙烷、丁烷等，还有少量的液态烃类及微量的非烃类组分。天然气易溶于石油，从而降低石油黏度，减小毛细管力，使石油容易在地层中流动。

（2）石油及天然气的成因

对于石油和天然气的形成，目前倾向于有机成因，是有机质在一定的物理、化学因素和地质作用下转化形成的。其形成的地质条件主要包括：①具有大量的有机物质来源；②有利的还原环境；③促使有机质向油气转化的因素（主要有温度、压力以及细菌作用等，当温度、压力升高到一定程度时，有机质就会形成烃类物质）。油气的形成实际上是去氧、加氢、富碳的一种化学过程，长期稳定下沉的深坳陷是形成油气的主要有利条件。

（3）油气藏的形成

油气藏是油气聚集的最基本单位，是油气勘探的对象。分散的石油和天然气只有经过聚集并被保存下来，才能形成油气藏。油气藏的形成条件包括以下几个方面：

①生油气层：一般是指富含有机质、具备生烃的温压条件并能生成烃类物质的岩层。生油气层因富含有机质，故颜色较深。海相和陆相沉积均可形成生油气层。

②储油气层：储油气层是既能储存油气，又能输出油气，具有良好孔隙度和渗透率的岩层，通常由砂岩、石灰岩、白云岩及裂隙发育的页岩、火山岩、变质岩构成储油气层。

③盖层：盖层是指覆盖于储油气层之上、渗透性差、油气不易穿过的岩层，起着遮挡油气运移、防止油气逸散的作用。页岩、泥岩和蒸发岩等是常见的盖层。

④圈闭：储集层中的油气因遇到遮挡物不能继续运动而在局部地区聚集起来，这种聚集油气的场所称为圈闭（如背斜圈闭、穹窿圈闭等）。

⑤运移：促使油气运移的作用主要包括压力作用、毛细管作用、扩散作用等，分散形成的油气只有经过运移并在合适的位置聚集才能形成油气藏。

⑥保存：已形成的油气藏只有在适宜的条件下保存至今才能被发现、开发、利用。构造运动频繁、张性断裂发育、地震活动、岩浆活动等是油气保存的不利因素。

(4) 油气资源的分布和前景

油气是重要的战略能源，深刻影响着世界的经济和政治局势。世界油气资源分布极不均匀，石油最丰富的是沙特阿拉伯、科威特、伊朗、伊拉克等海湾国家，天然气最丰富的是俄罗斯、伊朗和美国。目前，世界上已有70多个国家生产油气。

我国是世界上油气资源较丰富的国家之一，油田、气田主要分布在华北、鄂尔多斯、松辽平原及四川、新疆等地。我国油气资源对外依存度较高，超过一半以上需要依赖进口，随着我国大陆区优质油气藏的不断开发、利用，油气资源紧张的形势得以缓解。近年来，东海、南海等海域以及我国西部的塔里木盆地区的油气勘探取得了良好效果，在技术进步的推动作用下，煤层气、页岩气、可燃冰等非常规油气资源勘探开发方面也取得了重大进展。

3.3.2.3 其他能源

其他能源主要包括核能、地热能、生物质能、水能、风能、潮汐能和太阳能等。目前，世界各国的主体能源主要为煤炭、石油和天然气，在一些经济、技术比较发达的国家，核能在能源保障中也发挥着重要作用，地热能、风能、潮汐能等能源虽然具有环保的显著特点，但利用比例很低，远未构成主体能源。

综上所述，人类目前所利用的能源主要是煤炭、石油、天然气等不可再生的可燃有机矿产。长远来看，这些矿产资源终将枯竭，人类必须要依赖科学技术的进步，不断开发利用核能、太阳能等清洁可再生能源来弥补、取代不可再生能源。

3.3.3 土地资源

地球表面积约 $5.10 \times 10^8 km^2$，但约 71% 的面积为海洋，大陆只约占 29%。这些大陆中，除去两极和高原冰川覆盖区，无冰陆地仅 $1.34 \times 10^8 km^2$，在无冰陆地中，极地和高寒地区、干旱地区、山地陡坡、岩石裸露土壤缺乏地区均不适合人类居住和生产生活，人类“适居地”仅占无冰陆地的 30%。

土地资源具有显著的特征：一是土地具有生产能力，人类生存和经济社会发展的粮食、油料、木材、药材等有机物质产品均产出于土地；二是土地面积相对人类历史的时间尺度而言是固定不变的；三是土地资源空间位置是固定不变的，不能调拨和转移；四是土地资源具有时间性和季节性，由于土地资源位置固定，其气候条件相对固定，气候具有明显的时间性和季节性，无视土地的季节性，发展农业就会有所损失，甚至失败。

中国地域辽阔，土地总面积为 960 万 km^2，但山地、丘陵和高原约占中国土地面积的 66.1%，全国 2000 多个县级行政区中，约有 56% 位于山地丘陵地区；全国 1/3 的人口、40% 的耕地以及绝大部分的森林分布在山区，真正可供使用的优质耕地面积更少。因此，为了保障我国粮食安全，国家划出了 18 亿亩的耕地红线。

3.3.4 水资源

水是人类赖以生存的最宝贵的地球资源，以固态、液态、气态广泛分布于地球。地球上水资源总量约 $13.86\times10^{8}\mathrm{km}^{3}$，非常丰富，但淡水仅占地球水资源的约 2.5%。淡水中，又有约 70% 以固态长期储存于两极和冰川，仅 30% 为液态水。这 30% 的液态淡水就是狭义上可供人类生产、生活的水资源。水资源具有循环性、循环过程的复杂性、利用的广泛性以及利与害的双重特性等几个特点。

世界水资源分布极不均衡，全世界人口每年人均水量约 10 000m^{3}，水资源总量最丰富的巴西，每年约为 $51\,912\times10^{8}\mathrm{m}^{3}$，人均占有量最多的是加拿大，每人每年约有 130 080m^{3}，比全世界平均数多 12 倍。中国水资源相对较少，人均水资源每人每年仅约 2 200m^{3}，且分布也极为不均，总的来说东部多、西部少，南部多、北部少。

水资源虽然具有循环性，但并不是取之不尽、用之不竭的，影响水资源保障的极为重要的两个因素是水量和水质。除传统的农业灌溉、生活饮用之外，现代工业对水资源的需求越来越大，相应地，因工业而产生的各类污水量也越来越大。当污水的处置、净化速度远远弥补不了用水量需求时，水资源供应缺口就会越来越大，表现为量上的短缺。水质也是影响水资源利用的重要因素。生活饮用、农业灌溉、工业生产等对水质都有要求，不满足相应水质要求的水资源则无法利用。

水是地球上非常宝贵的资源，防止水污染、保护水资源、合理利用水资源是当前世界各国都面临的重要课题。中国水资源保护已上升至国家战略高度，“绿水青山就是金山银山”理念深刻体现了包括水资源在内的生态环境保护对人类生存和发展的重要意义。

3.3.5 生物资源

生物也是一种可以利用的自然资源，可分为植物资源、动物资源、人口资源。

植物之于人类的用途目前主要集中于木材、造纸、草药、生活蔬菜、观赏、保持生物多样性、维持生态平衡等方面。森林是生物资源最丰富、最主要的保存场所，世界范围内，亚洲和非洲的森林覆盖率较低，拉丁美洲和欧洲覆盖率较高，我国植物种类很丰富，但森林覆盖率较低，仅约12.7%，低于世界平均值。我国的植物资源形势相对严峻，需大力开展植树造林，以增加植物资源储备。

动物资源最丰富的地区主要分布于热带和温带国家，在高寒及荒漠地区，动物资源则相对贫乏。中国横跨热、温、寒三带，动物资源相对丰富，拥有大熊猫、金丝猴等世界特有珍贵物种。由于人类活动加强和工业化进程加快，许多动物栖息地被人类占领，生存空间急剧恶化，部分动物已经灭绝或濒临灭绝。

人类是自然界生物长期演化的结果，能够生产和创造物质财富，因此也是一种资源。但同时，人类也大幅消耗着地球上的各类自然资源。地球承载人口的能力是有限的，所以，必须平衡人口结构，使人、资源、环境和谐发展。

3.4

地球的环境

与人类生存和生产生活密切相关的地球圈层主要包括大气圈、水圈、生物圈以及岩石圈表层，相应地形成了大气环境、水环境、生态环境、地质和地理环境，各圈层相对独立又紧密联系，各类环境彼此交融，构成了地球的总体环境。

3.4.1 大气环境

地球外部被大气层包围。通过前述对于大气圈层结构的介绍可知，大气不仅提供了人类生存所需的氧气，形成了地球上丰富多彩的气象现象，还吸收了来自宇宙空间的高能射线，并因大气的循环流动调节着地球上的能量分配，为地球表层创造了一个温、湿适宜的生存环境，保护着地球上的各类生物。

大气圈的气象现象丰富多彩，但气候却相对稳定。世界气候带大致可以分为热带气候带、温带气候带、寒带气候带。热带气候带位于南北回归线之间，终年高温、四季不显，降雨量有旱季和雨季的变化，总降雨量从赤道向两侧减少；温带气候带又分为北温带气候带和南温带气候带，南北两个温带气候带气候相似，四季分明，年降雨量比低纬度气候带少，海洋性气候偏潮湿，大陆性气候偏干旱；寒带气候带位于南北两极地域，气温低、无夏季、降雨少、蒸发弱，有极昼或极夜现象。

大气圈的气象现象复杂多变，有些气象现象常会引起自然灾害而成为气象灾害。常见的气象灾害包括台风、龙卷风、干旱、洪涝、霜冻、高温等。有些气象灾害破坏力极大，如强烈的台风、龙卷风所到之处，常常造成一片废墟，人类流离失所；强烈的干旱、洪涝常造成农作物枯死、被淹、民房冲毁等灾害，给人类生产生活带来巨大损失。

大气主要由氮气、氧气、二氧化碳、水汽及一些微量惰性气体组成，可分为恒定组分、可变组分和不定组分三种，当大气中的某些物质含量远超正常值底量时，就会对人体、动物、植物等造成不良影响，形成大气污染。大气污染可由自然因素引起，也可由人类活动产生，森林大火、火山喷发等自然因素以及工业排放、家庭炉灶、冬季取暖、汽车尾气等人为因素均是造成大气污染的重要因素和主要来源。大气污染可造成人体中毒、致癌，产生“温室效应”、加速冰川融化，形成酸雨，破坏水质，影响植被生长，破坏臭氧层、威胁地表生物生存等危害，因此要特别注重大气环境的保护。目前，大气环境保护主要包括减少或控制污染物排放、对城市和工业布局进行科学合理规划、大力推进植树造林、提升植被覆盖率等措施。

地球大气环境是不断变迁的。从地质历史尺度来看，地球气候处于冰期、间冰期的不断交替演化之中。现今人类正处于第四纪大冰期，但无论是冰期还是间冰期，又都经历着短暂的温度升高和降低交替。近百年来，全球气温总的变化趋势是：19 世纪末到 20 世纪 40 年代，世界气温曾出现明显的波动上升现象；20 世纪 40 年代到 60 年代，世界气候有变冷趋势；70 年代后，世界气候又开始趋暖，80 年代后气温增暖形势更为突出。据研究，全球年平均气温从 1880—1940 年增加了 0.5℃，1940—1965 年降低了 0.2℃，然后从 1965—1993 年又增暖了 0.5℃。科学家推测未来气候变化有两种趋势：一是因二氧化碳的大幅增加，温室效应凸显，气温将明显升高，两极冰川融化，带来一系列环境问题；二是气候逐渐变冷，二氧化碳造成的温室效应只会减缓变冷的进程，但不能阻止正在形成的冰期。

3.4.2 水环境

水环境是由地球表层的水圈所构成的环境，包括在一定的时间内水的含量、分布、运动、化学成分、生物、水体所占的空间以及水体的物理性质。虽然水环境是地球表层自成体系的系统，但又不能独立存在，而与岩石圈、大气圈、生物圈乃至宇宙空间之间存在着物质和能量的交换。

地球表层水体分布极不均一。海洋占地球表面积的71%，其质量占地球表层水体总质量的97.5%，陆地上的水所占质量不到2.5%。就陆地上的水体分布而言，也是不均一的，其中冰川占据陆地上水体的约70%，且主要集中在两极地区。陆地表层的液态水又以地下水最多，地面流水很少。由于地球表面水体分布的不均一性，造成一些特殊的气候和陆地景观，同时也造成人类的淡水“危机”。

3.4.3 生态环境

一定时间和空间范围内的生物和非生物总和，即构成一个生态系统。生态系统由生产者、消费者、分解者和无机环境四个部分组成：生产者是生态系统中的积极因素，包括绿色植物和某些细菌，能通过太阳能生成有机物而为生态系统提供能量；消费者为消极因素，主要指各类动物，不能制造有机物和能量，直接或间接地依赖于生产者生存；分解者主要包括细菌、真菌、土壤原生动物等，能将复杂有机物逐步分解为无机物，便于生产者吸收；无机环境为非生物的物质和能量，包括水、气体、土壤、阳光等。

生态系统中的各生态因子相对独立，但又因能量流动、物质循环、信息传递而相互联系、相互影响、相互依存，形成具有自组织和自调节功能的复合体。生态系统能量流动通过食物链完成，始终从低营养级流向高营养级，且前一个营养级转移给后一个营养级的能量效率一般在10%左右，称为“十分之一”法则，其他能量则通过散热、呼吸、排泄等输出生态系统，总能量流动遵循能量守恒定律。生态系统物质循环是指各种物质和元素从环境到生物再到环境的往返不停的运动，物质循环在生产者、消费者、分解者之间也通过食物链实现，循环反复利用。

因物质、能量不断循环，当一定时间、空间内生态系统的物质和能量循环并保持动态稳定时，称为生态平衡，反之则称为生态失衡。影响生态平衡的因素多样，既有火山喷发、森林大火、地震等自然因素，也有过度砍伐森林、过度开垦草原、过快的城市化进程等人为活动因素，虫灾、鼠灾、瘟疫等生物灾害均是生态失衡的具体体现，严重影响人类生存环境。因此，保持生物多样性、维护生态系统稳定性，保持生态平衡具有重要意义。

3.4.4 地质环境

地质环境是指地球岩石圈表层地质体的组成、结构和各类地质作用与现象给人类所提供的环境。

因人类生产生活所需的所有物质均直接或间接地来自地质环境，产生的各类废弃物又直接或间接地排放到地质环境，因此地质环境具备一定的容量，常采用特定地质空间可供人类利用的地质资源总量和对人类排放的有害废物的容纳能力来评价地质环境容量。地质资源常常为不可再生资源，滥采、滥用必然带来严重后果，而对于废弃物的容纳能力主要取决于水、土壤和岩石对污染物的净化能力。

地质环境质量是由地球物理因素和化学因素决定的，一般从自然地质条件稳定性、原生地球化学背景、抗人类活动干扰能力、受污染或受破坏的程度几个方面综合评判。地质环境受人类活动干扰后，均会对这种干扰做出响应，并不同程度反馈给人类。当人类干扰较小时，可通过地质环境自我调节实现补偿和缓冲，维持地质环境稳定性，表现为“隐蔽”反馈机制；当干扰较大、超出自我调节能力时，就可能以“地质灾害”这种剧烈调控方式“显性”反馈给人类。常见的地质灾害包括地震、火山喷发、崩塌、滑坡、泥石流、地面沉降、地面塌陷等。

3.4.4.1 地质环境的反馈作用

地质环境的反馈作用，即地质环境受人类活动干扰后所做出的某种响应。地质环境较容易受人类活动影响，当人类活动的规模和强度超过了地质环境承受极限后，必然导致地质环境发生变化，对人类活动做出反应，其实质就是地质环境在人类作用力影响下，对物质和能量的输入与输出的动态平衡关系进行调整：当人类作用力不大时，通过地质环境内部调节能力，对外界冲击进行补偿和缓冲，就可完成调整，维持地质环境的稳定性，表现为不易觉察的、“隐蔽的”形式；当人类作用力增大，超过地质环境内部调节能力时，地质环境将通过剧烈的变动，才能建立起新的平衡，反馈就以“显露的”形式表现出来。

3.4.4.2 地质灾害

地质灾害是指由于地质营力或人类活动而导致地质环境发生变化，并由此产生各种危害或严重灾害，使生态环境受到破坏、人类生命财产遭受损失的现象或事件。地质灾害按成因可分为两类：一类是自然地质灾害，包括地震、火山喷发、滑坡、泥石流等；另一类是人类活动影响诱发的地质灾害，如地面沉降等。

（1）地震

强烈的地震可以瞬间给人类带来巨大灾难。在地震灾害中，以构造地震最具普遍性和破坏性。地震破坏可分为直接地震灾害和间接地震灾害。

直接地震灾害是指由于强烈的地面震动及震动产生的地面断裂和变形，引起建筑物倒塌和损坏，造成人身伤亡及大量社会物质损失。间接地震灾害是指因强烈地震引起的山体崩塌形成的滑坡、泥石流，水坝、河堤决口或发生海啸而造成的水灾，以及未熄灭的火源、燃气管道泄漏或电线短路引起的火灾等。

地震预报是人类与地震灾害做斗争的一项重要工作。地震预报应包括何时、何地及震级大小三个方面。对于后两者，根据发生地震的地质条件调查并结合历史地震资料的分析，可以获得较好的认识。研究未来地震发生的时间，应包括中长期和短期（或临震）预报。地震的区域划分实际上是一种地震的中长期预报。

临震预报是一项非常艰巨的任务，目前主要是通过地震前兆的分析进行研究。地震是由于地下的地应力高度集中后使岩石或岩块发生快速破裂并释放能量而产生的。岩层或岩体在地应力作用下，应变能逐渐积累，当其达到一定量值时，会引起震源区的物质发生一系列物理、化学等异常变化，即地震前兆。1975 年 2 月 4 日的辽宁海城地震是我国临震预报成功的实例：在本次主震前 3 天，小震达 527 次，同时地下水、地磁、地电等也有明显异常，地质科学家据此成功地预报了海城地震。然而，很多破坏性地震并无明显前兆，这正是临震预报困难之所在。

地震已被联合国教科文组织列为世界上仅次于洪水的第二种自然灾害。地震作为一种地质过程，人类尚无法控制。预测地震以及减少地震灾害所造成的损失是一项艰巨而繁重的任务，目前还处于探索阶段。

（2）火山

火山活动以多种形式造成伤亡和破坏，包括熔浆流、灼热的火山灰流、蒸汽喷发以及火山爆发引起的地震、海啸、气候变化、火山灰的降落和火山泥流等。由于火山喷发往往突然发生，特别是猛烈式的火山喷发，常常造成极大的灾难。火山除了以固态、液态喷出物造成损害外，还以 SO_2、H_2S 等有毒气体危害人畜，容易造成动物窒息死亡。

近几十年来，随着科学的发展，人们已逐步掌握火山活动规律，火山灾害在一定程度上可以预测和预防。对于宁静式火山喷发，人类已有把握对其进行监测和预报，因而危害不大。对于猛烈式火山喷发一次危险活动期的开始，则可以通过地震仪、地倾斜仪、温度监测器和气体探测器等进行预报。

火山会给人类带来灾难，但在许多方面也会给人类带来好处：火山灰可使土壤疏松，富含水分，有利于植物生长；火山熔岩和其他火山物质经风化后，常成为肥沃的土壤；火山活动区往往有丰富的地热资源；火山岩区常分布多种矿床；火山灰和熔岩还可广泛用于生产建筑材料；火山还往往成为风景名胜等。

（3）崩塌、滑坡、泥石流

陡坡上的岩体、土体在重力作用下，突然、迅速地向坡下垮落的现象，称为崩塌。规模巨大的岩体或山体发生崩塌称为山崩。崩塌往往发生在很陡的斜坡地带（这些陡坡通常由坚硬但裂隙发育的岩石组成），尤其在垂直节理发育或层理、劈理的倾向与坡向一致的地方，更易发生崩塌。山崩或大规模崩塌会严重破坏铁路、公路、矿山、村镇和良田，危及人民生命财产安全，造成巨大灾害。

滑坡是指斜坡上的土体或岩体在重力作用或其他因素影响下，沿着一定的软弱面或软弱带整体向下滑动。任一滑坡都具有滑坡体、滑动面、滑床三个要素。滑坡一般发生在以黏土质为主的土层或泥质岩及其变质岩的分布区，陡岸或人工开挖的陡坎最易形成滑坡。地震、降雨和融雪是诱发滑坡的重要因素。滑坡的形成过程，从初期的岩土体缓慢蠕动至快速滑动一般需较长时间，有的历时几个月或几年，但也有突然爆发的滑坡。滑动速度通常较缓慢，但滑动中期可出现短时间的剧滑阶段，速度可达每秒几十米。大规模的滑坡常常掩埋村镇、摧毁厂矿、中断交通、堵塞江河、破坏农田、毁坏森林，造成严重的人居生产环境和自然环境的破坏。

泥石流是突然爆发的，含有大量泥沙、石块等固体物质并具有强大破坏力的特殊洪流。形成泥石流的三个基本条件是：①地势陡峻，流域面积大，山高沟深；②有丰富的固体碎屑物质；③在短时间内有充沛的水量。泥石流容重大、流速快，不仅有极其强大的搬运能力，而且其侵蚀、搬运和沉积过程极为迅速。由于泥石流具有突然爆发、历时短暂、来势凶猛、破坏性大的特点，因此经常冲毁耕地、破坏交通、堵塞河道、摧毁城镇和乡村，给人民的生命财产造成巨大的损失。

近十几年来，我国十分重视崩塌、滑坡和泥石流的预报研究，包括其形成机制和时空分布规律，建立技术档案，划分危险区和潜在危险区，在此基础上提出中长期趋势预报；根据地质、地貌及水文地质、工程地质条件，结合水文、气象预报工作，并且借鉴经验教训，提出短期预报或即将发生的成灾预报，涉及灾害发生的时间、地点和滑坡、泥石流的规模等。对于崩塌、滑坡和泥石流的防治，要同时采用工程措施和生物措施：工程措施包括防护工程（护坡、挡墙）、跨越工程（桥梁）、穿过工程（隧道）等；生物措施就是要防止水土流失，进行植树造林、改良耕作技术和农牧业管理方式等。

（4）地面沉降和地面塌陷

地面沉降和地面塌陷都是地表高程的下降。除自然因素外，地面沉降和地面塌陷主要与人类活动有关，包括过度开采地下水、开挖固体矿产以及机械振动等。

地面沉降是指主要在人为因素作用下，由于地壳表层土体，岩体压缩而导致区域性地面标高降低的一种地质现象，通常是由于不合理开采地下流体以及地面建筑物负荷过重引起的。地面沉降具有形成发展缓慢、持续时间长、影响范围广、成因机制复杂和防治难度大的特点，是一种对城市建设、经济发展和人民生活构成威胁的地质灾害。地面沉降可使码头下沉，防洪堤、防潮堤标高降低，输水管、桥梁变形与损坏，河流泄洪能力减弱，地下管道折断或位移，建筑物下沉或倾斜，产生地面裂缝等。对于沿海城市，地面沉降还会使城市面临被海水淹没的危险，或造成海水倒灌，即海水侵入到地下水中，使土壤盐碱化、沼泽化。

目前，预防或控制地面沉降的根本方法就是要合理开发利用城市的地下水资源：①减少地下水的开采量；②调整地下水的开采层次，可将开采上部含水层转向下部含水层；③人工回灌地下含水层，以提高地下水位，达到缓和沉降速率的效果；④利用地下水的采、灌数学模型，采用最佳的地下水采灌量方案。

地面塌陷是指地表岩、土体在自然或人为因素作用下，向下陷落，并在地面形成塌陷坑洞的一种地质现象。根据塌陷区是否有岩溶发育，可分为岩溶地面塌陷和非岩溶地面塌陷。塌陷使大量的建筑物变形、倒塌、道路坍塌、田地毁坏、水井干枯、风景点破坏等，会给城市建设和人民生活造成很大的损失。

人类活动会促使地面塌陷的形成和发展。不合理的或强度过大的人类活动都有可能诱发和导致地面塌陷，主要包括矿区地下采空、地下工程排水、过量抽采地下水、人工蓄水、加载、振动及地表渗水等。对地面塌陷的监测包括长期监测和前兆现象监测。长期连续监测地面、建筑物的变形和水点（井、泉等）的水量、水态变化以及地下洞穴分布及其发展状况等，对于掌握塌陷形成发展规律，提早预防和治理十分必要。

（5）土壤流失和沙漠化

土壤流失和沙漠化都是对土地的破坏过程，其产生既有人为因素，也有自然因素。人为因素表现为乱砍滥伐、不合理垦荒种植、过度放牧等对植被的破坏，使地表失去保护层。土壤流失的自然因素包括暴雨、陡峻的地形、风力及重力作用等。沙漠化的自然因素包括气候干旱、强大的风力以及地面组成物质松散等。

土壤流失是指土壤或土体在水力、风力和重力作用下被冲刷、剥蚀和吹失的现象，以水的侵蚀最为显著。土壤流失不仅导致耕地面积减少，还包括造成大量泥沙在小溪、河流、运河或者水库中淤积，影响航运、灌溉，减少发电量，使水库过早降低效益甚至报废，产生巨大的经济损失。土壤流失还会促使生态系统恶化，随着植被遭受破坏后土壤侵蚀的发展，土壤生态将发生剧烈变化，如土壤层变薄、肥力降低、含水量减少、热量状况变劣等，逐步失去生长植物、保蓄水分的能力，从而影响调节气候、水分循环等功能。

要防治土壤流失、搞好水土保持，必须扭转重工程轻生物、重治沟轻治坡、重治下游忽视上游的不良倾向。实行生物措施与工程措施相结合，以生物措施为主、沟坡兼治、上下游兼治的方针，按流域进行统一规划综合治理。实践证明，造林种草、建设植被是投资少、见效快、收益大的优先措施。

沙漠化是指原来的非沙漠地区出现以风沙活动为主要特征的类似沙漠景观的环境改变过程。世界土地沙漠化日趋严重，我国也面临严重的土地沙漠化问题。我国“三北”（西北、华北、东北）地区已经沙漠化的土地面积约 $17.6\times10^4\text{km}^2$，还有 $15.8\times10^4\text{km}^2$ 的土地存在潜在沙漠化危险，受沙漠化影响人口为 5 000 余万人。

沙漠化的防治措施，一是必须控制人口增加，特别要把重点放在降水较少的地区；二是要将牲畜密度与土地载畜能力维持在适当水平；三是迅速制止不明智的采伐柴薪，要发展利用其他能源或太阳能。与此同时，要以人工和自然途径恢复植被，防风固沙。1979 年以来，我国建设的“三北”防护林工程产生了显著效益，在防止流沙侵蚀、保护草原和耕地等方面取得了很大的成绩。

3.4.4.3 地质环境与人体健康

组成人体的化学元素有 60 多种，这些化学元素的平均含量和地壳中化学元素的平均含量有明显的相关性，表明人体的组成与地球化学环境有密切的关系。构成人体生命的元素可分为三类：①生命不可缺少的主要组成元素，由氧、碳、氢、钾、钠、钙、镁、氮、硫、磷、氯 11 种元素组成，占人体元素含量的 99.95%；②生命所必需但稍微过量或缺少就有害的微量元素，如钼、铁、锌、铜、碘、氟、锡等；③生命不需要但易被人体吸收的有害元素，如镉、汞、铅、铀等。

微量元素保持适当浓度对人体健康是有益的，但如果缺乏或过量又会引起疾病或死亡。研究表明，在不同地质环境下，人体健康状况有明显差异，特别是地方病的发生、发展明显受自然地球化学环境的控制，具有强烈的地带性分布特征。如黑龙江、陕西等省流行的克山病，现基本查明与低硒环境有关，对 15 个克山病区 150 万人采取补硒办法之后，当地的发病率几乎降低为零。河南省食道癌发病率高的地区，多在安山岩和中更新统洪积层出露区，这些地区土壤和岩石中铜、锌、钒、锆等元素含量偏高，人体过多吸收使体内元素含量比例失调，导致食道细胞癌变。同时，工业生产或其他活动造成的环境污染也会严重损害人体健康，如日本富山县曾因超标排放含镉废水，当地农民使用此水灌溉稻田后，造成稻米镉含量超标，以致引起群体性“骨痛病”。在这一著名的环境事件中，患者体内含镉量比正常人高出 100 倍。

从 20 世纪 70 年代开始，我国广泛重视地质环境与健康和疾病的相关问题。多年来，我国环境地质工作者与医学界相结合，在防治地方病和环境污染引起的疾病方面做了大量工作，取得了显著成绩，研究地质环境中化学元素的分配状况与人体健康的关系仍是必须高度重视的科学问题。

3.4.5 地理环境

地理环境是指地球表层人类生存的客观环境，包括自然环境和社会环境。地理环境包含海陆表面上下具有一定厚度的空间范围，通常认为上界是对流层顶，下界在陆地表面下深约2km之处（在海洋中，则包括海平面直到海底的全部水域）。该范围是大气圈、水圈、生物圈和岩石圈在地球表层的彼此交汇和重叠区域，因此地理环境具有综合性特点。

3.4.5.1 地理环境的基本特征

地理环境是由地球表层各种有机物、无机物和能量构成，具有本身结构特征并受自然规律支配和控制的环境系统。

（1）地理环境的整体性和差异性

地理环境是由气候、水文、地貌、生物和土壤等多个自然要素构成。这些要素彼此联系、相互制约并相互作用，构成一个有机整体。整体性就是指组成地理环境的各要素之间存在着不可分割的内在联系，如果其中一个要素发生变化，就会影响整个地理环境的变化。

地理环境的整体性并不等于均一性。整个地球的地理环境由无数个小的地理环境所组成，这样就出现了地理环境的多样性和差异性。这种差异性是由于地理环境的各组成要素在时空分布上的不均一造成的。这些分布不均一的组成要素相互作用，其所形成的整体在空间分布上也会发生有规律的分异。例如，由于气候要素分布不均一，故赤道地区全年高温多雨，植物生长茂盛，动植物资源都很丰富，形成热带雨林环境；而两极地区终年低温严寒，生物种类很少，形成冻原环境。

（2）地域分异的规律性

地域分异是指地球表层地理环境各组成成分或自然综合体沿地理坐标方向或者其他一定方向，分异成相互有一定差别的不同等级单元的现象。自然综合体是地理环境的各种要素相互联系、相互制约并有规律地结合成具有内部相对一致性的整体。地域分异规律的根据是以太阳能为主的外动力分布的地带性和与地球内动力作用的规律性。地域分异的空间区域具有不同的层次：一是全球规模的地理带，二是大陆和大洋规模的地理带，三是区域性的地理带，四是地方性的地域分异。

全球性地域分异有两种，即热力分带性和海陆对比性。由于太阳辐射强度随纬度的改变而有规律地变化，因此地球表层由赤道向两极分异为热带、亚热带、温带和寒带。海陆对比性是海陆的分异造成的，地球表面分成四个大洋和六个大陆（欧洲和亚洲同处于欧亚大陆），构成了陆地和海洋这两种不同地理环境。海洋和陆地在地质、地形、气候、水文、生物等方面都有很大的差异，形成了明显不同的两大自然综合体。

大陆的地域分异包括纬度地带性分异和干湿度地带性分异。纬度地带性规律是指地理环境各组成成分及自然综合体大体按纬线方向延伸并按纬度方向有规律地变化。干湿度地带性是指海陆分布及其对比关系所形成的大陆性气候和海洋性气候、大陆内部和海岸植被类型以及地貌景观干湿度等方面的差异。由于植被类型最能表现自然地带性的特征，因而陆地上的各个自然地带常以植被类型命名，可以划分出 11 个大陆水平自然地带，即热带雨林地带、热带稀树草原地带、热带及亚热带荒漠地带、亚热带荒漠草原地带、亚热带森林地带、温带荒漠地带、温带草原地带、温带阔叶林地带、亚寒带针叶林地带、苔原地带和冰原地带。

大洋的地域分异是贯穿整个大洋的，按形成因素可分为两类：一类是大洋表层纬向自然带，这主要是太阳能按纬度分布不均引起大洋的温度、盐度和含氧量不同，以致海洋生物也有相应的区别，从而引起大洋表层自然综合体沿纬线延伸、按纬度有规律地变化；另一类是大洋底层自然区域，它是水圈和岩石圈相互接触所形成的水下自然综合体，水下自然综合体随海底地形、深度及距岸远近而发生有规律的变化。

区域性地域分异主要包括大地构造—地貌分异和垂直带性分异。大地构造—地貌分异是指与一定大地构造单位相对应的区域地貌分异，表现为大规模的山脉、高原、平原或者中小规模的山脉、高原、平原的一定组合。垂直带性分异是指达到一定高度的山体，随着高度的增加，气温逐渐降低，水分状况也发生变化，从而使自然环境及其成分（如植被、土壤等）发生变化。垂直带随高度的变化而更替很快，如珠穆朗玛峰南坡在海拔1 600m以下为热带山地雨林带，往上变为亚热带、暖温带、寒温带、寒带、寒冻带，至5 500m以上成为高山冰雪带。

地方性地域分异是在自然地带内部，由于地方地形、基岩和地面组成物质以及地方气候的影响，地理环境各组成成分及自然综合体的局部分异现象。

3.5.4.2 人类与地理环境的关系

(1) 地理环境对人类社会的影响

人类是地球发展到一定阶段的产物，地球具有太阳系其他星体所没有的适合于生物（包括人类）生存的地理环境，人类之所以能够继续生存、繁衍，地理环境是根本的前提。此外，地球还为人类生产和生活提供了丰富的自然资源，如土地资源、水资源、生物资源、矿产资源以及各种能源资源等。

地理环境对人类社会的影响分为直接影响和间接影响：

①直接影响：地理环境对社会的直接影响在劳动生产率、产品质量、城市和区域发展、工农业布局等方面都有反映。例如，“蜀道难”指的是山地环境对古代四川交通的直接影响；山区和平原修建运力相同的铁路，造价相差三倍以上；甘泉酿美酒，故名酒产地大都有优质水源等。

②间接影响：地理环境对人类社会的多数影响是间接的，通过媒介来体现。第一类间接影响是“自然—第一产业—第二产业”型连锁反应。如我国东南沿海盛产柑橘、菠萝等水果和水产，罐头工业原料丰富，成为罐头工业比较发达的地区。第二类间接影响是“自然—上层建筑—经济”型连锁反应。地理环境通过政治、文化、意识形态等上层建筑要素对经济活动产生间接反应，不容易引起人们的注意，如以山为界的有中国和尼泊尔之间以喜马拉雅山作为国界，美国和墨西哥之间以格兰德河作为国界等。这些自然体一旦成为政治边界，对于边界两侧的社会经济分异就会产生间

接影响。

地理环境对人类社会影响具有明显的阶段性：

①采集和狩猎经济阶段：在人类社会发展的早期，人类的衣食住行对地理环境的依赖性较大。人类的生存和发展受自然界的气候、地形和动植物分布的制约。当时，只有在少数动物、植物资源丰盛的地区，人类生息才比较活跃。

②农业社会阶段：在该阶段，栽培的作物以及驯化的家畜、家禽是主要的生活来源。平坦的地形、肥沃的土壤、供灌溉的河水、温暖的气温、充足的日照是农业社会的自然基础。亚热带和暖温带中的大河流域冲积平原、三角洲、盆地是农业文明的发祥地。这一类大型河流有我国的黄河与长江、埃及的尼罗河、印度的恒河等。

③工业社会阶段：煤、石油、水力等能源，铁矿、铜矿等金属资源，航道、港口等交通要道，是传统工业和商品贸易的基础。地理环境包含的自然条件对农业社会和工业社会产生了不同的影响。这些自然条件可以从经济上分为两类：一类是丰富的生活资料自然资源，如肥沃的土地、富有鱼类的水体等；另一类是丰富的劳动手段自然资源，如可航行的河道、树木、金属、煤炭等。在人类文化发展初期（即农业社会阶段），前一类自然资源有决定作用；在人类文化较高的发展阶段（即工业社会阶段），后一类自然资源起决定作用。

④后工业化阶段：新技术产业兴起，自然资源对社会的整体影响相对下降，环境质量对社会的整体影响上升。新技术产业区主要在环境质量优异的地区落脚，新技术产业区必然是知识密集区，优异的环境才能吸引科技人员定居，提高科研效率，形成新技术产业集聚效应。

（2）人类活动对地理环境的影响

在不同的历史时期，人类对地理环境的影响程度是有明显差异的。随着历史的发展和生产力的提高，人类与地理环境的关系日益密切，对地理环境的影响规模越来越大，影响程度越来越深，特别是对环境造成了很多不良的影响。

在人类诞生以后的漫长岁月中，生产力水平极为低下，人类仅仅是为了生存而适应和利用环境，很少有意识地改造环境。由于人口的不断增长和知识水平低下，当时所出现的环境问题主要是乱采乱捕，滥用和破坏自然资源，从而造成生活资料严重缺乏，甚至引起饥荒。

在长期的实践中，人类学会了栽种植物和驯化动物，从而出现了农业和畜牧业，这是人类生产发展史上的一次大革命。随着社会的发展，又出现了集市贸易、城镇和手工业。总的来说，这一时期人类以利用自然资源和条件为主，对自然环境的依赖性很大，生产方式原始、落后，生产工具简单，社会经济发展缓慢，对地理环境和自然资源仅依赖于利用而未考虑保护，产生了较多的环境问题。

18 世纪中叶，蒸汽机的普遍使用揭开了工业革命的序幕，人与环境的关系从此进入了新阶段。在生产中，机器生产代替手工劳动，生产率大幅提高，人类利用和改造环境的能力大大增强。同时，人口迅速增长对自然资源的利用和消耗剧增，矿产资源与能源以空前的规模被开采出来，在生产过程中形成的“三废”（废水、废气和废料）又以空前的规模被排放出去，农村人口向城市集中，这些都使环境的组成和结构发生了巨大变化，并出现了新的严重的环境问题，给人们的健康带来了极大的危害，甚至造成人员死亡。

20 世纪以来，人类活动对环境的影响继续加剧。人类更大规模地开采和耗用自然资源，发明并大量使用内燃机，大规模地发展有机化学工业，这些都使环境污染变得更加严重，地球上过去未受严重污染的区域也受到很大影响，就连人迹罕至的高寒山区和两极地区，也受到了不同程度的污染。如今，地球上已经很难发现洁净的、未受污染的地区。

开采和利用矿产资源和能源是人类活动对地理环境最强烈的影响形式之一。其对周围环境的不利影响有以下几种形式：①耗竭不可更新的自然资源，把可燃性矿物转变为 CO_2 和碳酸盐类，消耗、分散经地质作用积聚而形成的金属和非金属矿产，形成化学成分发生变化的新的地理环境；②通过挖掘和堆积作用而破坏土地，在露天或井下开采矿石、建筑材料和煤，会造成大量地表堆积物和许多地下空洞；③岩体、土体的平衡状态受到破坏，容易诱发地面塌陷、崩塌、滑坡和泥石流；④影响地表水及地下水的补给、径流与排泄条件，降低地下水位，改变水文网状态，影响河流的侵蚀与沉积作用；⑤污染地表水和地下水；⑥污染大气；⑦污染土地；⑧污染海洋。此外，开采和加工矿石有时会直接危害人体健康，如矿井塌方造成的伤亡事故，吸入粉尘导致的呼吸道和肺部疾病等。

3.5.4.3 地理环境的保护

地理环境日趋恶化、自然资源急剧减少的严峻现实，引起了世界各国的忧虑和关注。人们逐渐认识到，虽然现代化生产可以给人类带来巨大财富，但是如果只顾眼前利益而不注意对环境的研究和保护，就会破坏生态平衡，造成资源枯竭、环境恶化，对人类的生活、生产造成不利影响，甚至危及人类自身的生存。因此，许多国家开始重视和研究环境问题，开展了大量的治理工作。

第一，不少国家相继建立了环境保护机构以负责环保的行政管理工作，并颁布了一系列保护环境的政策、法令和法规，制定“三废”排放标准。世界上第一个设立环保机构的国家是瑞典；我国于1974年设立了国务院环境保护领导小组，1982在城乡建设环境保护部内设环境保护局。

第二，建立环境监测机构或监测网。环境监测是国家对环境进行管理的基础和依据。通过监测，可以及时了解和掌握环境质量及其变化趋势，以便采取适当的对策和措施。我国自20世纪70年代中期在北京等重点城市建立环境监测网络以来，监测技术水平不断提高，仪器和装备不断改进，目前已建立了中央、省（市、区）、市（地、县）和大厂矿四级监测网。

第三，开展环境治理工作。20世纪60年代末开始，很多国家就环境问题进行了较深入的研究，不仅针对污染采取了一系列治理措施，而且还提出了防治结合、以防为主的战略，着重消除环境污染和破坏的原因。70年代中期以后，许多国家进一步强调环境的整体性和综合性，强调人类与环境的协调发展，加强环境教育，合理利用资源，以谋求创造更好的环境。经过几十年的努力，环境治理工作取得了一定进展，有些国家的面貌有了明显的转变。

尽管几十年来环保工作已经取得了一定的进展，但目前环境问题远不只是“三废”处理的问题。生态危机与土地破坏和损失仍然相当严重，大气圈污染还在加剧，引起生态平衡的破坏和恶化，影响人体健康与人类的生活和生产。因此，必须高度重视环境问题，多部门、多学科携手合作，全面规划，以求在较短的时间里，使环境质量得到明显的提高。

4

“三个地球”建设的技术基础

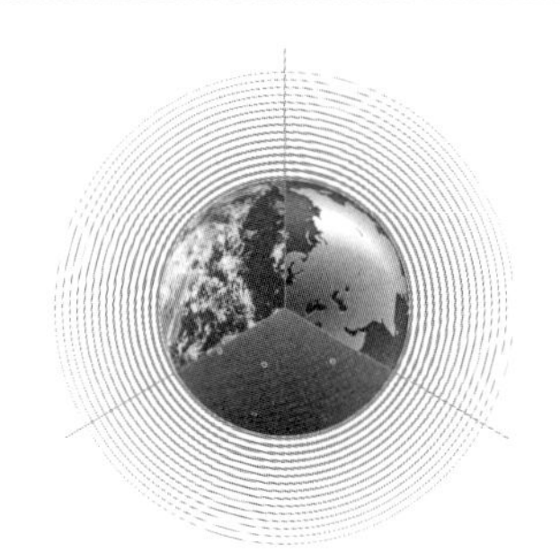

本章重点介绍了“三个地球”建设的技术基础，其中“透明地球”技术总体属于探测体系范畴，从传统的地质填图、钻探、地球物理勘探及化学勘探等技术角度进行叙述；“数字地球”技术主要从遥感探测、地理信息系统等技术角度并结合网络大数据、AI、5G、VR等技术手段进行分析和论述；“美丽地球”技术主要从资源绿色勘查与开发利用、生态地质调查与生态环境治理等技术角度展开论述。

4.1

“透明地球”建设的技术基础

“透明地球”建设计划的实施，主要采取以三维区域地质填图为主导、与深部探测计划相结合的方式，建立三维地质框架模型，并融入了多源信息，建立了多尺度、多分辨率的分类或分级地层框架模型。其技术体系主要包括地表地质填图、地表钻探（槽探）、物探、化探四大类。随着科学技术的不断进步，现阶段已基本具备以现代计算机技术为基础，以钻探（槽探）、物探、化探等勘查技术手段获取的数据源为对象，经对数据的综合处理、分析、计算，并按一定规则排列后建立三维可视化地质模型，实现地球透明化的能力。

4.1.1 地质填图

4.1.1.1 技术原理

地质填图是运用地质理论和有关方法，全面系统地进行综合性的地质矿产调查和研究，查明工作区的地层、岩石、构造与矿产的基本地质特征，研究各种成矿规律和各种找矿信息进行找矿，它的工作过程是将地质特征填绘在比例尺相适应的地形图上（郝琳等，2019）。地质填图即地质测量，在预查、普查阶段是一种大面积的综合性地质矿产调查工作，在详查、勘探阶段则是一种详细研究矿床地质、进行矿床评价勘探和资源储量计算的基础工作。

4.1.1.2 方法分类

地质填图方法主要包括露头圈定法、剖面法、地质界线追索法及导线法。这四种方法中，剖面法比较常用，特别是常用于较小比例尺的填图工作，而地质界线追索法及导线法常常作为辅助测量手段。

露头圈定法：即详细研究每一个露头的资料，以了解全矿床的地质构造。其优点是能够精确地观察矿床内的所有露头，在最复杂的矿床中，亦不致遗漏出露的任何地质现象；缺点是工作量大，在填圈面积较大时，单纯使用此法则难于获得地区或矿床构造的立体概念。故在露头不好时，必须配合系统的人工露头，包括垂直走向的系统的干槽及必要时沿构造线或沿重要的地质界线的系统的揭露。

剖面法：即根据沿矿床或地区中许多垂直走向的剖面进行研究的结果，了解全矿床或地区的地质构造。其优点是研究得比较系统，并能及时获得矿床或地区构造的立体概念，工作量较少；缺点是不能精确地研究矿床或地区沿走向的变化，在矿床地质条件复杂（例如矿床构造或岩/矿相沿走向变化很大，或火山活动频繁）的矿区，不宜单独使用。

4.1.1.3 工作步骤

（1）收集资料

收集工作区内或大一些范围内前人工作形成的有关成果资料，并进行认真研究、分析。应收集的资料主要包括工作区内沉积岩、岩浆岩、变质岩方面的资料，如地层、岩石类型特征等。

（2）地质踏勘

针对拟定的工作重点和需要解决的问题，组织人员（地质、水文、物探、化探、测量等工种的人员），对工作区进行踏勘，并在综合研究的基础上，统一填图单元，统一野外岩矿石命名，统一填图方法和要求，统一图式图例。

（3）剖面测量

为了对工作区的地层情况有准确的了解，要选择出露较好的典型地层进行实际剖面测量。主要包括：确定剖面起止点，将其准确标定在地形图上，并标上地质点号；划分地层，将分层界线和分层号标在剖面线上。

（4）正式填图

主要工作包括路线布置、地质点布置、地质点定位、地质点记录、地质界线勾绘。

（5）野外资料整理

野外填图中形成的文字、图、实物等资料，要求当天内完成整理，不允许多天后累计整理。整理文字记录、手图、实物（标本、样品、照相）资料时，应核对点号、层位代号、标本及样品编号、位置及各种数据等，确认无误后，再分别进行整理。若发现问题，必须到野外核实，方可补充和修正，不允许依靠回忆补充修正。地质点记录表整理时，应检查地质点记录表中填写内容是否齐全；文字是否通顺，有无错漏字，用语是否准确；素描图是否需要完善；检查后，给数据和素描图上墨。

（6）地质填图应提交的资料

资料清单：包括地质观察点记录表、音像记录表、标本登记表、地质填图工作总结、实际材料图、岩/矿石标本（实物）及送样单、鉴定及测试成果、地质图（反映填图阶段成果）。

地质填图工作总结报告：主要内容包括工作区概况（填图目的及任务、交通位置及自然地理、以往地质工作评述、完成实物工作量）、工作方法及质量评述、矿区地质（地层、构造、变质岩、岩浆岩、矿床）、结语（主要成果、存在问题、下一步工作意见）。

4.1.2 钻探技术

4.1.2.1 技术原理

地质钻探是指利用一定的钻探机械设备和工艺取得地表以下岩矿心，为地质和矿产资源参数做出可靠评价的一项地质工程，通过钻探，可以获取不同层次深度的多种地质信息（于冬，2016）。

4.1.2.2 方式分类

针对不同的钻进目的，通常采取不同的钻进方式和钻探设备，从而形成不同的钻探方法。根据不同的外力作用方式，可将现有钻探方法分为冲击式钻探、回转式钻探、冲击回转式钻探和振动式钻探。另外，在个别特殊地层条件下，也常常采用喷射式钻探。根据钻探切削工具的不同，又可将钻探方法分为钢粒钻探、硬质合金钻探和金刚石钻探。按照所用冲洗液和循环方式，又可分为泥浆钻探、清水钻探、空气钻探、正循环钻探以及反循环钻探等（刘广志，1998）。除此之外，还有一些更加高效的钻探方法（如热力法、熔融法和化学方法等），但这些方法因为成本高、技术难度大而不能得到广泛应用。其中，热力法包括高频电流钻、火焰喷射钻、微波钻等，熔融法包括等离子钻、电热钻、激光钻等，而常用的化学方法是利用化学试剂将岩石进行破碎（徐景珠等，2013）。

钻探的一般工序是：钻具下孔→连接接头后开泵→钻具加压带动回转、破碎岩石→提钻取芯或换钻具→下钻继续钻进→及时测斜→提出全套钻具停钻→封孔。

（1）冲击式钻探

冲击式钻探是始创于中国的一种古老的钻井方法，早在11世纪传入西方，目前在中国和国外都还在广泛适用。其钻探原理在于使用钢丝绳或钻杆相连钻头，上下运动冲击岩石，同时捞出岩屑和岩粉，形成钻孔（图4－1）。

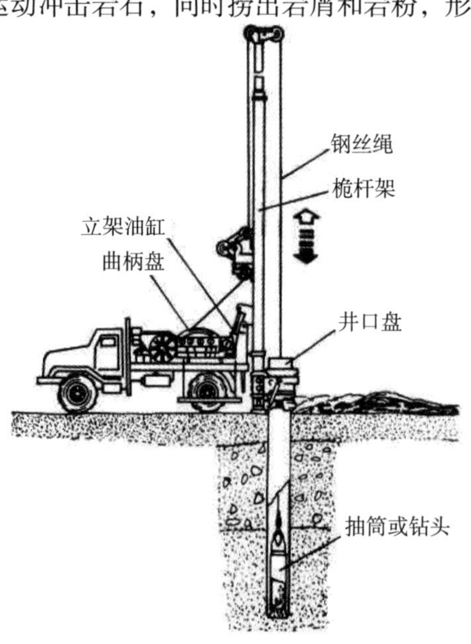

图4－1　冲击式钻探示意图

（2）回转式钻探

回转式钻探是当前最普遍采用的钻探方法，这是利用钻具的回转运动破碎岩层而成孔的一种钻进方法。钻机分为大、小锅锥钻机，正、反循环转盘式钻机，液压动力头式钻机，潜孔振动回转式钻机等。相对简单的回转钻机只有简单的钻进装置，结构完善的回转式钻机除了具备钻进装置外，还具有循环洗井装置。

（3）冲击回转式钻探

冲击回转式钻进是指用冲击和回转两种方式同时破碎岩石的钻探方式（余涵等，2017）。作业时，以钻杆带动钻头低转速回转，在轴向钻头的压力下，再利用通过钻杆中心的液体或气体产生的冲击力，以冲击和回转两种方式破碎岩石，充分发挥冲击和回转切削两种作用来形成钻孔或采取岩芯。这种方法起源于 19 世纪的欧洲，1958 年被当时的中国地质部所重视并开始研究，20 世纪 70 年代发展较快。

（4）振动式钻探

振动式钻探即在振动式钻进过程中，利用振动器带动钻杆和碎岩工具，产生周期性振动力的一种钻探方式。它除利用地表振动器和钻具对地层产生垂直静载外，还有钻具上下振动产生的高频冲击振动所产生的动载，对岩层或土层产生振动。在高频的振动下，岩层或土层的强度下降，岩层和土层在钻具和振动器自重和振动力的联合作用下，使钻头钻进岩土层，从而实现钻进的过程。

4.1.2.3 应用领域

随着科技进步和经济的高速发展，钻探工程技术在国民经济中的应用范围越来越广，概括起来主要有以下几个方面：①地质勘探；②地下流溶体勘探开发；③矿山井下工程；④工程地质勘察与勘查；⑤岩土与地基工程；⑥地质灾害治理工程；⑦地下管线铺设工程；⑧国防工程；⑨地球科学研究工程（白运，2012）。

4.1.3 物探技术

4.1.3.1 技术原理

地球物理勘探简称“物探”，是指通过研究和观测各种地球物理场的变化来探测地层岩性、地质构造等地质条件。由于组成地壳的不同岩层介质往往在密度、弹性、导电性、磁性、放射性以及导热性等方面存在差异，这些差异将引起相应的地球物理场的局部变化（刘天佑，2007；王秀明，2000；吴健生等，2017；杨志，2019）。通过测量这些物理场的分布和变化特征，结合已知地质资料进行分析研究，就可以达到推断地质性质的目的。该方法兼有勘探与试验两种功能，和钻探相比，具有设备轻便、成本低、效率高、工作空间广等优点。但由于不能取样，不能直接观察，故多与钻探配合使用（吴信之，2019）。

4.1.3.2 方法分类

地球物理勘探根据测量所在的空间位置和区域的不同，可以划分为地面地球物理勘探、航空地球物理勘探、海洋地球物理勘探、钻孔地球物理勘探等。根据研究对象的不同，还可划分为金属地球物理勘探、石油地球物理勘探、煤田地球物理勘探、水文地质地球物理勘探、工程地质地球物理勘探和深部地质地球物理勘探（刘天佑，2007）。

地球物理勘探常利用的岩石物理性质有密度、磁导率、电导率、弹性、热导率、放射性。与此相应的勘探方法有重力法勘探、磁法勘探、电法勘探、地震勘探、地温法勘探、核法勘探。重力法是通过观测不同岩石引起的重力差异来了解地下地层的岩性和起伏状态的方法，称为重力勘探；磁法是通过观测不同岩石的磁性差异，来了解地下岩石情况的方法，称为磁力勘探；电法是通过观测不同岩石的导电性差异来了解地下地层岩石情况的方法，称为电法勘探（程远等，2016）。

4.1.3.3 应用领域

物探方法在基础地质调查、矿产勘查、环境地质、工程地质、城市地质及其他领域均有广泛应用，如在区域地质调查提供基础地质资料、辅助圈定成矿远景区、在矿产勘查（油气、煤、金属等）中提供隐伏矿线索、寻找爆炸物、地下管线探测、考古等人文活动遗迹调查。

以物探方法在矿产勘查中的应用为例，物探几乎可应用于所有的金属、非金属、煤、油气、地下水等资源的勘查工作中，具体物探方法的选择取决于被调查对象的物理性质和目标。

4.1.3.4 典型物探方法

（1）地震探测技术

地震探测是利用地震学的方法研究人工激发的弹性波在不同地层中的传播规律，包括波速、波的衰减、波形以及在界面的反射和折射等来研究地层埋深，构造形态以及岩性组成等的一种地球物理方法。地震配合钻探工程可查清幅度大于20m的褶曲和落差在20～30m以上的断层；利用二维地震可以探测10m断距的小断层；利用高分辨率三维地震可以探测落差大于5m的小断层以及直径大于20m的陷落柱，并能控制褶皱幅度大于5m的褶曲或挠曲。

（2）可控源音频大地电磁测深

可控源音频大地电磁测深（CSAMT）是电磁勘探方法中的一种，主要以地壳中岩/矿石的物性（电阻率）差异为基础，使用专用的仪器设备，观测和研究目的区人工电磁场的变化，经计算得到地下电阻率分布，进而解决地下空间不同电性地质体的赋存问题，在金属矿勘探、构造地质、水文地质等领域有广泛的应用（吴桂桔等，2010）。CSAMT法具有抗干扰能力强、工作效率高、受地形影响相对小、横向分辨率高、勘探深度大（1～2km）、高阻屏蔽作用小等优点，有些无法用直流电法探测到的高阻薄层下的地质体，用CSAMT法能得到很好的反应（黄启春等，2012）。

（3）EH4电导率成像系统

EH4连续电导率成像系统属于可控源与天然场源相结合的一种大地电磁测量系统，由可控源补充局部频段信号较弱的天然场来完成整个工作频段的测量（郝霁昊等，2011）。实际工作中，地下介质是不均匀的，因而计算的值称为视电阻率值，是电磁波有效趋肤内所有介质导电性的综合反映。由于人工场弥补了天然场的不足，故 EH4 电磁成像法对解决浅部地质问题尤为有用，同时具有较高的分辨率，非常适合探查小型构造和电阻率差异不大的地层，受高阻盖层的影响也较小，能有效探测地下深部地质信息。

4.1.4 化探技术

4.1.4.1 技术原理

化探是地球化学找矿的简称，又称勘查地球化学。化探可分为狭义和广义两种，广义的化探包括探矿地球化学与区域地球化学，本文所介绍的是狭义的化探技术，即通过研究地球化学元素的分散模式，并根据这些分散模式所形成的地球化学场去追踪和发现矿床的技术，是以地质学、地球化学为理论基础，通过系统测试矿体（矿带或矿床）周围三维空间与成矿有关系（时间、空间和成因）的地球化学（包括同位素）的分布分配、组分分带、存在形式以及与成矿有关的物理化学参数（温度、压力、Ph 和 Eh）等，并用这些标志进行找矿的一门科学，属于地球化学学科应用地球化学的一个分支（冯海艳等，2012）。

4.1.4.2 方法分类

化探是通过发现异常、解释评价异常的过程来进行的。根据勘查对象和方法的不同，可分为金属矿化探、非金属矿化探、油气化探、地热化探、航空化探、海洋化探和区域化探等（李志琼，2015）。根据地球化学调查介质的不同，地球化学找矿可以分为岩石地球化学找矿、土壤地球化学找矿、水系沉积物地球化学找矿、水地球化学找矿、气体地球化学找矿、生物地球化学找矿（蒋艳明，2009）。

（1）岩石地球化学找矿

岩石地球化学找矿是系统地测量基岩（或岩脉、断层泥与裂隙充填物等物质）中微迹元素的含量和分布特征，通过发现与矿化有关的各类原生异常来进行找矿的方法（安国英，2006）。该方法广泛地应用于区域普查、局部详查阶段以及矿体深部的盲矿体预测，适用于基岩裸露区的快速、低成本和效果好的普查—详查测量。

（2）土壤地球化学找矿

土壤地球化学找矿是系统地测量土壤中的微迹元素的含量和分布特征，通过发现与矿化有关的各类次生异常进行找矿的方法。目前，对于与该方法应用效果有关的地貌、景观、气候、土壤成因及元素迁移机理等方面，都进行了成功的探讨与研究。该方法适合区域调查，也适合矿区外围的详查阶段。这种方法的主要原理为矿床形成之后，发生在矿体及其蚀变围岩中的物理作用、物理化学和生物化学作用会产生比矿体大若干倍的成矿元素和伴生元素的次生分散晕，经过根据土壤测量所探测到的次生分散晕特征，可指导隐伏矿的追索。矿区及外围找矿中，土壤测量在快速发现异常、确定重要成矿带、圈定找矿靶区中起关键性导向作用。但是，地表严重污染地区不适用此方法。

（3）水文地球化学找矿

水文地球化学找矿是对天然水（包括地下水和地表水）中的元素含量、pH 值、Eh 值等进行系统的测定，分析它们在天然水中的分布分配变化规律，通过总结其中与地球化学相关的异常进行找矿的方法。主要原理为：土层或岩石孔隙中的地下水（包括各类井水、泉水及一级水系的地表水）流经成矿的地质体时，其中的金属组分随着地气流、毛细作用等各种地质营力的搬运，发生垂向迁移，随着地下潜流的水位上升，并被带到潜水面附近，形成相对富集。根据采样点的分布特征，该方法一般用于普查阶段或进一步缩小靶区，对于隐伏矿体的追索，需与其他方法配合使用。

（4）气体地球化学找矿

气体地球化学找矿主要研究与矿床有关的、以气体组分存在和迁移的指标，并称之为某某地球化学测量，如 Hg、Rn、CO_2、O_2、SO_2、CH_4、H_2S、He、Br、I 及烃类等，这种测量多在壤中气和大气中进行。由于气体具有较强的穿透能力，故被人们看作最有竞争力的找矿方法之一。在我国开展工作较多的是壤中气 Hg、Rn、CO_2、CH_4的测量，在油气田和煤田矿床上方，通常以 CH_4异常为特征；Hg 与断裂构造的关系最为密切，通常以壤中气 Hg 异常为特征，寻找受构造控制矿床。该方法用于矿区普查—详查阶段及矿体追踪阶段等不同工作阶段。然而，由于干扰因素多、测量精度低、异常对比难等原因，气体地球化学找矿方法至今尚未步入常规化探方法之列。

（5）生物地球化学找矿

生物地球化学找矿主要是利用植物或植物灰分中矿质组分，并对其进行测量进行找矿的一种方法。由于植物根系是个巨大的捕集器，能够反映深部矿化信息，可应用于森林、荒漠、黄土、草原等厚层覆盖特殊景观区的区域战略调查和局部异常查证等，故勘查地球化学家从未放弃对其研究与改进。然而，由于植物样品的采集、加工和分析比土壤岩石样品复杂得多，生物地球化学找矿方法至今尚未作为常规方法予以应用。当然，在森林覆盖区和其他运积物覆盖区等特殊景观条件下，该方法仍不失为一种寻找隐伏矿的辅助方法（徐锡华，2000）。生物地球化学找矿方法用于寻找隐伏矿的原理：植物根系可以从地表以下的湿土中收集水溶液，这些溶液中的组分可以沉积在植物的某些器官中，通过植物器官无障部位的分析，可以指示深部矿化信息。

4.2

"数字地球"建设的技术基础

传统"数字地球"是以遥感技术、全球定位系统、地理信息系统技术、数据库技术、高速计算机网络技术和虚拟技术为核心的信息技术系统。"数字地球"是在全球范围内建立的一个以空间位置为主线，并将信息组织起来的复杂系统。其按照地理坐标整理并构造一个全球的信息模型，描述地球上每一点的全部信息，按地理位置将其组织、存储起来，并提供有效、方便、直观的检索手段和显示手段，使每一个人都可以快速、准确、充分和完整地了解及利用地球各方面的信息（李鹏波，1999）。

随着大数据、物联网、云计算、人工智能等信息技术的不断发展，"数字地球"不断革新。利用海量、多分辨率、多时相、多类型对地观测数据，运用智能信息方法技术研究"数字地球"积累的地球大数据，将"数字地球"升级到信息地球，是未来地球科学发展的重大机遇与重要的研究领域。将人工智能运用到"数字地球"是未来的一个重要发展趋势。

4.2.1 遥感探测技术

4.2.1.1 技术原理

遥感是20世纪60年代发展起来的一门对地观测综合性技术。自20世纪80年代以来，遥感技术得到了长足发展，遥感技术的应用也日趋广泛。随着遥感技术的不断进步和遥感技术应用的不断深入，未来的遥感技术将在我国国民经济建设中发挥越来越重要的作用。关于遥感的科学含义，通常有广义和狭义两种解释：广义的遥感是指一切与目标物不接触的远距离探测；狭义的遥感是指运用现代光学、电子学探测仪器，不与目标物相接触，从远距离把目标物的电磁波特征记录下来，通过分析、解译揭示出目标物本身的特征、性质及其变化规律（江绵康，2011）。

4.2.1.2 遥感系统组成

遥感现已成为一个从地面到高空的多维、多层次的立体化观测系统。研究内容大致包括遥感数据获取、传输、处理、分析、应用以及遥感物理的基础研究等方面。遥感技术系统主要包括：①遥感平台系统，即运载工具，包括各种飞机、卫星、火箭、气球等；②遥感仪器系统，如各种主动式和被动式、成像式和非成像式、机载的和星载的传感器及其技术保障系统；③数据传输和接收系统，如卫星地面接收站、用于数据中继的通信卫星等；④用于地面波谱测试和获取定位观测数据的各种地面台站网；⑤数据处理系统，用于对原始遥感数据进行转换、记录、校正、数据管理和分发；⑥分析应用系统，包括对遥感数据按某种应用目的进行处理、分析、判读、制图的一系列设备、技术和方法。

4.2.1.3 遥感的分类

遥感的分类模式和类型主要包括三类。

（1）按搭载传感器的遥感平台分类

地面遥感，即把传感器设置在地面平台上，如车载、船载、手提、固定或活动高架平台等。航空遥感，即把传感器设置在航空器上，如气球、航模、飞机及其他航空器等。航天遥感，即把传感器设置在航天器上，如人造卫星、宇宙飞船、空间实验室等。

（2）按遥感探测的工作方式分类

主动式遥感，即由传感器主动地向被探测的目标物发射一定波长的电磁波，然后接收并记录从目标物反射回来的电磁波。被动式遥感，即传感器不向被探测的目标物发射电磁波，而是直接接收并记录目标物反射太阳辐射或目标物自身发射的电磁波。

(3) 按遥感探测的工作波段分类

按遥感探测的工作波段分为：紫外遥感、可见光遥感、红外遥感、多光谱遥感。

遥感作为一门对地观测综合性技术，它的出现和发展既是人们认识和探索自然界的客观需要，更有其他技术手段与之无法比拟的特点。遥感技术的特点归结起来主要有以下三个方面：①探测范围广、采集数据快。遥感探测能在较短的时间内，从空中乃至宇宙空间对大范围地区进行对地观测，并从中获取有价值的遥感数据。这些数据拓展了人们的视觉空间，为宏观地掌握地面事物的现状情况创造了极为有利的条件，同时也为宏观地研究自然现象和规律提供了宝贵的第一手资料。这种先进的技术手段与传统的手工作业相比是不可替代的。②能动态反映地面事物的变化。遥感探测能周期性、重复地对同一地区进行对地观测，这有助于人们通过所获取的遥感数据，发现并动态地跟踪地球上许多事物的变化。同时，有助于人们研究自然界的变化规律。尤其是在监视天气状况、自然灾害、环境污染甚至军事目标等方面，遥感的运用就显得格外重要。③获取的数据具有综合性。遥感探测所获取的是同一时段、覆盖大范围地区的遥感数据，这些数据综合地展现了地球上许多自然与人文现象，宏观地反映了地球上各种事物的形态与分布，真实地体现了地质、地貌、土壤、植被、水文、人工构筑物等地物的特征，全面地揭示了地理事物之间的关联性，并且这些数据在时间上具有相同的现势性。

当前，遥感技术应用领域非常广泛，涵盖测绘遥感、环境遥感、大气遥感、资源遥感、海洋遥感、地质遥感、农业遥感、渔业遥感、林业遥感等方面。

4.2.2 全球定位系统

4.2.2.1 概述

GPS（Global Positioning System）即全球定位系统，又称全球卫星定位

系统，中文简称为“球位系”，是一个中距离圆形轨道卫星导航系统，结合卫星及通信发展的技术，利用导航卫星进行测时和测距，具有在海、陆、空进行全方位实施三维导航与定位能力的新一代卫星导航与定位系统。GPS 应用于大地测量、工程测量、航空摄影测量、运载工具导航和管制、地壳运动监测、工程变形监测、资源勘察、地球动力学等多种学科，给测绘领域带来了一场深刻的技术革命。

4.2.2.2 系统组成

GPS 包括三大部分，即空间星座部分、地面控制部分和用户设备部分。监控中心由通信服务器及监控终端组成，通信服务器由主控机、GSM/GPRS 接受发送模块组成，移动终端由 GPS 接收机、GSM 收发模块、主控制模块及外接探头等组成。事实上，GPS 是以 GSM、GPS、GIS 组成的具有高新技术的“3G”系统。

4.2.2.3 技术原理

GPS 的基本定位原理是卫星不间断地发送自身的星历参数和时间信息，用户接收到这些信息后，经过计算，求出接收机的三维位置、三维方向以及运动速度和时间信息。如下图，通过 4 颗已知位置的卫星，就可以确定 GPS 接收器的位置（图 4 -2）。

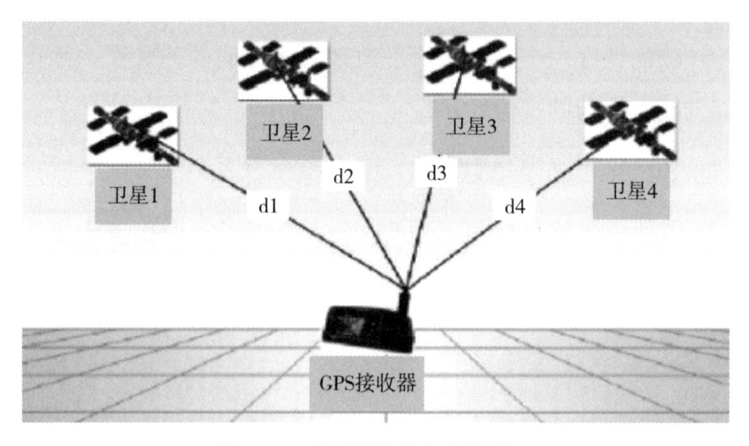

图 4 -2 GPS 的基本定位原理

在苏联发射了第一颗人造卫星后，美国约翰斯·霍布金斯大学应用物理实验室的研究人员提出：既然可以由已知观测站的位置知道卫星位置，那么如果已知卫星位置，应该也能测量出接收者的所在位置。这是导航卫星的基本设想。GPS 导航系统的基本原理是测量出已知位置的卫星到用户接收机之间的距离，然后综合多颗卫星的数据就可知道接收机的具体位置。要达到这一目的，卫星的位置可以根据星载时钟所记录的时间在卫星星历中查出。

4.2.2.4 全球四大定位系统

(1) 美国全球定位系统

美国的全球定位系统（GPS）是一个全球性、全天候、全天时、高精度的导航定位和时间传递系统。作为军民两用系统，提供两个等级的服务。近年来，美国政府为了加强其在全球导航市场的竞争力，撤销对 GPS 的 SA 干扰技术，标准定位服务定位精度双频工作时实际可提高到 20m、授时精度提高到 40ns，以此抑制其他国家建立与其平行的系统，并提倡以 GPS 和美国政府的增强系统作为国际使用的标准（肖海峰等，2009）。

美国的全球定位系统包括绕地球运行的 27 颗卫星（24 颗运行、3 颗备用)，它们均匀地分布在 6 个轨道上。每颗卫星距离地面约 1.7 万 km，能连续发射一定频率的无线电信号。只要持有便携式信号接收仪，都能收到卫星发出的特定信号。接收仪中的计算机只要选取 4 颗或 4 颗以上卫星发出的信号进行分析，就能确定接收仪持有者的位置。GPS 除了导航外，还具有监测地壳的微小移动、确定地面边界等作用。

(2) 欧盟“伽利略”系统

伽利略卫星导航系统（Galileo Satellite Navigation System，GSNS）是世界上第一个基于民用的全球卫星导航定位系统，是欧盟为了打破美国的 GPS 在卫星导航定位这一领域的垄断而开发的全球导航卫星系统，有欧洲版“GPS”之称，该计划于 1999 年 2 月由欧洲委员会公布，欧洲委员会和欧空局共同负责（孙波，2020）。截至 2018 年 8 月，已经发射了 26 颗工作卫星，具备了早期操作能力（EOC）。伽利略计划对欧盟具有关键意义，它不仅能使人们的生活更加方便，还将为欧盟的工业和商业带来可观的经济效益。更重要的是，欧盟将从此拥有自己的全球卫星导航系统，有望打破美国 GPS 导航系统的垄断地位，从而在全球高科技竞争浪潮中获取有利位置，并为将来建设欧洲独立防务创造条件。

（3）俄罗斯“格洛纳斯”系统

俄罗斯“格洛纳斯”系统（GLONASS）最早开发于苏联时期。1993 年，俄罗斯开始独自建立本国的全球卫星导航系统，原计划 2007 年年底之前开始运营，2009 年年底之前将服务范围拓展到全球，但由于资金等各种原因，系统仍在持续进行阶段（郝雅楠等，2020）。系统至少需要 18 颗卫星才可以为俄罗斯全境提供定位和导航服务，如果要提供全球服务，则需要 24 颗卫星在轨工作，另有 6 颗卫星在轨备用。据俄罗斯官方报道，该系统完全建成后，其定位和导航误差范围仅为 23m，就精度而言将处于世界领先水平。

（4）中国北斗卫星导航系统

我国的北斗卫星导航系统（Compass Navigation Satellite System，CNSS）是着眼于国家安全和经济社会发展需要，自主建设、独立运行的全球卫星导航与通信系统。与美国 GPS、俄罗斯 GLONASS、欧盟 GSNS 系统并称全球四大卫星导航系统（高平，2011）。

截至 2018 年 12 月，北斗系统可提供全球服务，在轨工作卫星共 33 颗，包含 15 颗“北斗二号”卫星和 18 颗“北斗三号”卫星，具体为 5 颗地球静止轨道卫星、7 颗倾斜地球同步轨道卫星和 21 颗中圆地球轨道卫星。2020 年 7 月 31 日，“北斗三号”全球卫星导航系统正式开通。北斗卫星导航系统可在全球范围内全天候、全天时为各类用户提供高精度、高可靠的定位、导航、授时服务，并兼具短报文通信能力。北斗卫星导航系统的建设目标是建成独立自主、开放兼容、技术先进、稳定可靠及覆盖全球的卫星导航系统（李奇，2013）。

4.2.3 地理信息系统

地理信息系统（GIS）是了解空间方面复杂问题以及预测我们干预措施影响的一种工具。地理信息系统可以支持实施不同类型的项目如城市发展、区域经济发展、农业发展、可持续资源管理等目标的管理。对于 GIS 在发展合作中的作用，需要将其理解为一种工具，而不是目标本身。地理信息系统可以显著提高效率和降低成本。任何地理信息系统应用的一个主要产出是一个专题地图，它可以直观地显示当前的情况或可能的解决办法。地理信息系统是硬件、软件和数据的结合，可以将地图形式的图形数据与表格（数据库）形式的附加数据相结合。

GIS 中的数字地图由三个关键要素组成：区域、线和点。一个区域可以代表一个地块、建筑物或具有特定土地用途的区域（森林、田地、居住区、工业区等）。线条可以代表街道。简单的点可以代表单个房屋或树木等。这些元素中的每一个在地图上显示的图形元素与数据库相连，在数据库中可以找到更多的信息，如尺寸、名称等。具有类似内容的图形元素通常被编入一个所谓的图层中。一些专题层构成了地理信息系统。用户可以将不同的专题图层叠加在一起，对现有的数据给予全新的认识（图 4－3）。这样一来，GIS 就显示了一个简化的世界观，指出了所有的相关信息，使某一决定地理信息系统的潜在效益不受技术手段的限制，只受现有数据及其实际情况的限制。虽然地理信息系统可以从现有数据的组合中获得新的信息，但它本身并不能创造基数据。

地理信息系统的使用带来了各种好处，可以归纳为三类：提高效率、高质量的决定和改善服务。运用方向（包括相关方面）有项目监测、自然资源管理、土地利用规划、流域管理、沿海地区管理、环境监测、森林覆盖监测、气候变化测绘、适应气候变化、再生能源的规划、备灾/预警、紧急救济、税收、确保土地使用权、国家土地清单、市政和区域规划、社会基础设施规划、卫生绘图和规划、公用事业规划和管理、组织市政服务、交通规划、吸引投资者的营销、旅游业等。

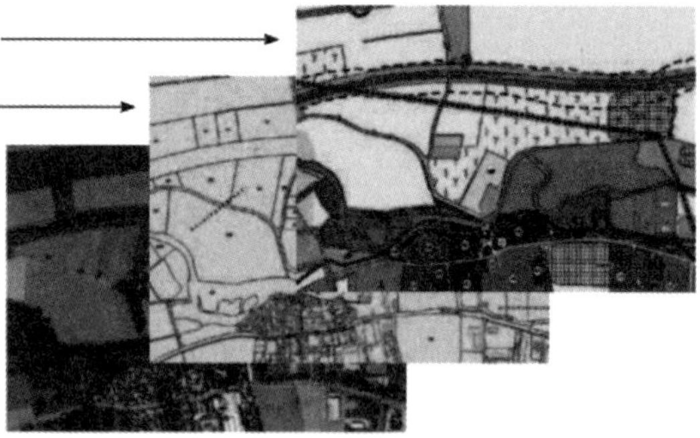

图层3：反映土地用途的点要素
图层2：反映土地与建设等边界的线要素
图层1：反映区域特征（航拍影像）的面要素

图4-3 地理信息系统中的点、线、面要素

4.2.4 泛在网络技术

4.2.4.1 电信数据网

20世纪60年代是数据通信技术的发展初期，电信部门所能提供的网络是模拟电话网络，传输质量差，噪声干扰大；70年代，分组交换技术X.25采用统计复用技术，大大提高了通信线路的利用率、可靠性和质量，在相当长的一段时间内成为数据通信的主流；80年代，产生了综合业务数字网（ISDN）技术，但其逐步成为一种典型的窄带接入技术；进入21世纪，吉比特线速转发的路由器被研发成功，IP网络逐渐取代ATM网络，成为互联网的主体网络。

4.2.4.2 计算机网络

1969年，包交换技术在美国阿帕网（ARPANET）投入运行，虽然当时只有4个节点，但已经奠定了计算机网的基本形态与功能。1973年，英国的NPL也开通了分组交换试验网。此外，法国也于1973年开通了CYCLADES试验网，首次引入了通过终端（而不是网络）来保证数据有效传送的概念，这一思想被互联网后来的核心技术传输控制协议（IP及TCP/IP）继承了下来，影响了整个互联网的发展。1974年，国际商业机器公司（IBM）提出了一个私有系统网络体系（SNA），对计算机网络功能严格按照功能进行了层次的划分。

计算机网络从20世纪60年代末发展至今，有2种技术对互联网的出现产生了非常深刻的影响，并一直延续到今天：一个是实现单个实验室和企业内部计算机连接的、以以太网为代表的局域网技术，另一个是可以实现跨地域和跨异构网络通信的、以TCP/IP技术为代表的广域网互联技术。

4.2.4.3 移动网络技术

移动网络通信技术是目前国家计算机网络通信发展普及最广泛的一种技术之一，由传统的GSN到当前的4G、5G技术，移动网络通信技术有了很大的质变，并以绝对的技术优势在网络通信方面发挥着重要的作用，进而成为人们沟通及交流的通信工具。在移动网络通信技术发展的新时期，国家发展日益昌盛，社会企业发展日益和谐，经济发展日益迅速，从而使计算机网络通信技术水平得到提高（昝娟娟，2020）。

4.2.4.4 物联网

物联网的概念是1999年提出来的，它是指把人类生活中的各种物品通过传感器、射频识别技术、全球定位系统等信息传感设备，按照协议，采集任何需要监控、连接、互动的信息，通过各种可能的网络接入，形成人与人、人与物、物与物相连，以达到智能化感知、识别跟踪、监控和管理的目的。在物联网这个一体化的网络系统中，人、机器和基础设施等都要受到中心计算机群的控制，为人类更加精细地管理生产和生活、更好地提高资源利用率和生产力水平提供前提。物联网是大数据的来源，它使人们认识到世界的本质就是数据（孟勋，2019）。

物联网就是互联网基础上的应用延拓和业务扩展，物联网的组成和运作，能达到物与物、物与网络的联结。一些通信感知、计算机技术和计算理论等在网络中得到广泛应用和有效融合，达到物与物、物与网络联结的作用和目的，与网络技术一起成为物联网技术的关键构成（张海燕，2019）。

物联网的用户端延伸和扩展到达到用户端物品及应用网络联结的目的。应用创新是物联网发展的核心，物物相息是物联网的重要应用特征和网络组织关键。物联网的整个组成效果和运作效率与联结的互联网的组网和效率密切相关。物联网技术是在互联网技术基础上的延伸和扩展的一种网络技术，其延伸和扩展及应用延拓和业务扩展、终端设备设施和约定协议是关键。一般来讲，物联网技术包括实现网络联结的互联网技术和实现物物信息交换和通信的末端设备和设施。

4.2.4.5 传感器技术

传感器是指利用一些效应如物理效应、化学效应、生物效应等，能感受规定的被测量，按照一定的规律转换成符合需要的电量等输出量的器件或装置。传感器与通信技术、计算机技术共同构成信息技术的三大支柱，很大原因是作为信息获取的重要手段并使获取的信息成为较为容易处理的电量等输出量。传感器技术在物联网技术中，是物与网联结的中介和关键，是物联网的重要构成和关键技术之一（马骏单，2019）。

传感器把模拟信号转换成数字信号是计算机应用中的关键技术。在物联网技术中，传感器通过传感把物与物、物与网络进行联结，传感器技术可将物的模拟信号转换成合适的数字信号，进而实现信息交互和通信，实现物与网络的联结。

4.2.5 虚拟现实技术

所谓虚拟现实，顾名思义，就是虚拟和现实相互结合。从理论上来讲，虚拟现实技术（VR）是一种可以创建和体验虚拟世界的计算机仿真系统，它利用计算机生成一种模拟环境，使用户沉浸到该环境中。虚拟现实技术就是利用现实生活中的数据，通过计算机技术产生的电子信号，将其与各种输出设备结合，使其转化为能够让人们感受到的现象。这些现象可以是现实中真真切切的物体，也可以是我们肉眼所看不到但能够通过三维模型表现出来的物质。因为这些现象不是我们直接所能看到的，而是通过计算机技术模拟出来的现实中的世界，故称为虚拟现实（张谦，2019）。

4.2.5.1 沉浸性

沉浸性是虚拟现实技术中最主要的特征，就是让用户成为并感受到自己是计算机系统所创造环境中的一部分，虚拟现实技术的沉浸性取决于用户的感知系统，当使用者感知到虚拟世界的刺激时（包括触觉、味觉、嗅觉、运动感知等），便会产生思维共鸣，造成心理沉浸，让人感觉如同进入了真实世界。

4.2.5.2 交互性

交互性是指用户对模拟环境内物体的可操作程度和从环境得到反馈的自然程度。使用者进入虚拟空间后，相应的技术可让使用者跟环境相互作用，当使用者进行某种操作时，周围的环境也会做出某种反应。如使用者接触到虚拟空间中的物体，那么使用者手上应该能够感受到：若使用者对物体有所动作，物体的位置和状态也会相应改变。

4.2.5.3 多感知性

多感知性表示计算机技术应该拥有很多感知方式，比如听觉、触觉、嗅觉等。理想的虚拟现实技术应该具有一切人所具有的感知功能。但是，由于相关技术（特别是传感技术）的限制，目前大多数虚拟现实技术所具有的感知功能仅限于视觉、听觉、触觉、运动等（刘文雅，2019）。

4.2.5.4 构想性

构想性也称想象性，使用者在虚拟空间中，可以与周围物体进行互动，可以拓宽认知范围，创造客观世界不存在的场景或不可能发生的环境。构想性可以被理解为使用者进入虚拟空间后，可以根据自己的感觉与认知能力吸收知识，发散拓宽思维，创立新的概念和环境。

4.2.5.5 自主性

自主性是指虚拟环境中物体依据物理定律动作的程度。如当受到力的推动时，物体会向力的方向移动、翻倒或从桌面落到地面等。

虚拟地理环境是以虚拟现实理念和虚拟现实技术为核心，基于地理信息、遥感信息以及赛博空间网络信息与移动空间信息，研究现实地理环境和赛博空间的现象与规律（凌龙等，2012）。

4.2.6 时空大数据

随着互联网、物联网和云计算等信息技术的快速发展，数据逐渐呈现种类多样化和获取手段多元化的特征，数据的“爆炸式”增长趋势标志着人类进入面向海量数据管理与应用的大数据时代。大数据是指无法在一定时间内用常规软件工具对其内容进行抓取、管理和处理的数据集合（张辉，2017）。它是第四次工业革命的重要领域，也被认为是下一个自然资源，日益在国家的各个领域产生重要影响。时空大数据是大数据与地理时空数据的融合，即以地球为对象、基于统一时空基准、活动于时空中与位置直接或间接相关联的大数据，是现实地理世界空间结构与空间关系各要素（现象）的数量、质量特征及其随时间变化而变化的数据的总和。大数据本质上就是时空大数据，时空大数据是大数据的重要组成部分（王家耀，2016）。

4.2.6.1 产生与发展

时空大数据是大数据在伴随网络技术、云计算、“3S”集成等技术兴起并不断完善的发展过程中逐渐衍生的重要产物，基本贯穿大数据整个发展进程。大数据作为一个新兴名词被关注，伴随各类数据处理技术的出现和完善，其概念和特征也得到进一步的丰富，逐渐体现出独特的优势与活力。2015 年，国务院印发了《促进大数据发展行动纲要》，纲要中基于全球大数据发展迅速和大数据广泛应用于各个领域的现状，提出了中国未来在大数据的发展规划中要加快数据共享、提高管理水平等任务。随着对大数据研究的不断深入，其所具有的时空特性逐渐被突显，时空大数据越来越多地与城市建设等领域相结合。目前，如何高效处理分析时空大数据是研究的热点问题之一（关雪峰等，2018）。

4.2.6.2 组成与类型

在人类生产和生活所产生的数据中，约有 80% 的数据均与时空位置相关。关于时空大数据的组成与类型，中国工程院院士王家耀提出，时空大数据主要包括时空基准数据、全球导航卫星系统（GNSS）和位置轨迹数据、大地测量与重磁测量数据、遥感影像数据、地图数据、与位置相关的空间媒体数据等类型。遥感影像数据作为典型的时空数据，以其数据获取的快捷性和处理的便利性在时空大数据的研究中应用广泛，主要包括卫星、航空、地面遥感影像数据和地下感知数据以及水下声呐探测数据。此外，地图数据以及诸如通信数据、社交网络数据、搜索引擎数据等与位置相关的空间媒体数据也具有普遍应用（张辉，2017）。

4.2.6.3 特征与应用

目前，学术界普遍认同大数据的“4V”特征，即数据量（volume）大、数据类型（variety）多、速度（velocity）快和价值（value）高。而时空大数据除了具有大数据固有的海量、多维、价值高等特征外，还有其自身的特殊性，不仅需要存储对象空间的位置，还包括范围随时间变化的时空对象，即具备对象事件的丰富语义特征和时空维度动态关联特性，具体包括：①要素关联特征；②动态演化特征；③尺度（分辨率）特征；④多维动态可视化特征。

时空大数据种类丰富，来源广泛，表现出泛在化和海量性。随着数据处理技术的不断发展，时空大数据被越来越多地应用到日常生活中的诸多领域，例如智慧城市建设、灾害监测与预防、地域客流分析、交通规划、资源管理等（典型应用领域如图4－4所示）。

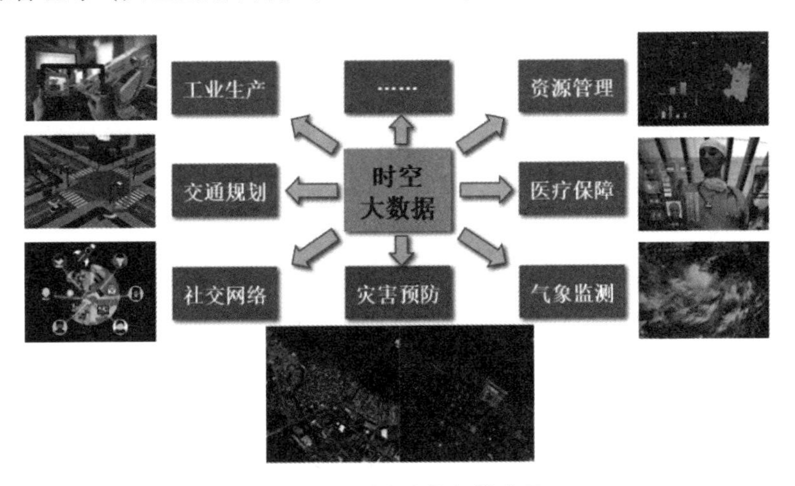

图4－4 时空大数据的应用

（1）智慧城市建设

智慧城市是运用物联网、云计算、大数据、地理信息集成等新一代信息技术，促进城市规划、建设、管理和服务智慧化的新理念和新模式（邹松霖，2020），即通过互联网将城市内部物体中的智能化传感器进行联结形成物联网，再利用云计算等技术对感知信息进行智能处理和分析，并发出指令从而实现智能化响应和智能化决策支持。针对时空大数据在智慧城市建设中的具体应用，自然资源部办公厅印发的《智慧城市时空大数据平台建设技术大纲（2019 版）》指出：时空大数据应包括基础时空数据、公共专题数据、物联网实时感知数据、互联网在线抓取数据及其驱动的数据引擎和多节点分布式大数据管理系统（图 4－5）。

基础时空数据	
矢量数据	影像数据
高程模型数据	地理实体数据
地名地址数据	三维模型数据
新型测绘产品数据	元数据

公共专题数据	
法人数据	人口数据
宏观经济数据	民生兴趣点数据
地理国情普查与监测数据	元数据

互联网在线抓取数据
通过互联网在线抓取完成任务所缺失的数据

物联网实时感知数据
采用空、天、地一体化对地观测传感网实时获取的基础时空数据
依托专业传感器感知的可共享的行业专题实时数据
元数据

图 4－5　智慧城市建设时空大数据内容体系

（2）灾害监测与预防

以地质灾害为例，地质灾害中包含了大量的时间和空间信息，通过分析可以对将要发生的地质灾害进行监测和预防。地震是地质灾害中较为常见的一种，其发生具有一定的地质规律性：空间上，地震大多发生于板块的交界处或者活动块体的边界带上；时间上，地震则经常表现出丛集性、活跃与平静的交错性等特征。借助时空大数据对地震进行研究，收集历史上所有地震发生的时空信息并统一于数据系统，就可以通过地震数据进行时空分析，寻找地震发生的特征及规律。同时，可结合其他地理数据（例如应力场分布、地壳层厚度分布及温度场分布等）理解地震的成因和机制，为地震预测提供依据（吉银林，2014）。

4.2.7 人工智能与机器学习

根据人工智能大师西蒙的观点，学习就是系统在不断重复的工作中对本身能力的增强或者改进，使得系统在下一次执行同样任务或类似任务时，会比现在做得更好或效率更高（赵天闻，2008）。人类自诞生伊始，就处在一个不断学习和探索的过程中，直到今天，全民学习、终身学习的观点已经逐渐成为全世界所提倡的主流观点。正是这种持续主动的学习，使得人类文明从原始社会开始不断向前发展和进步，从而造就了如今这个政治、经济和文化都处于历史较高水平的世界。

当前，人类已经迈入了大数据时代，随着知识水平的不断提高，由社会快速发展带来的一系列呈爆炸式增长的海量数据和信息促使人们不再满足于传统的全人工处理技术，而是渴望以一种自动化或半自动化的方法代替重复性的人类劳动，从而在解放人类双手的同时达到高效率的目的。于是，一种最为接近人类思维并以人类思维处理事务的人工智能技术应运而生。人工智能（Artificial Intelligence，AI）是研究、开发用于模拟、延伸和扩展人的智能的理论、方法、技术及应用系统的一门新的技术科学。它是计算机科学的一个分支，企图了解智能的实质，并生产出一种能以与人类智能相似的方式做出反应的新型智能机器，实现对人的意识、思维的信息过程的模拟（高楠等，2019）。

机器学习（Machine Learning，ML）是人工智能发展的第三个阶段，其初衷是使AI能从数据或历史经验中寻找规律，从而自动获取知识。如今，机器学习作为人工智能研究领域的一个重要分支，主要是研究计算机怎样模拟或实现人类的学习行为，以获取新的知识或技能，重新组织已有的知识结构，并使之不断改善自身的性能。根据生理学、认知科学等对人类学习机理的了解，建立人类学习过程的计算模型或认识模型，发展各种学习理论和学习方法，研究通用的学习算法并进行理论上的分析，从而建立面向任务的具有特定应用的学习系统（李康化等，2020）。

4.3

“美丽地球”建设的技术基础

为实现“加快生态文明体制改革，建设美丽中国”这一目标，党的十九大提出从推进绿色发展、着力解决突出环境问题、加大生态系统保护力度、改革生态环境监管体制四个方面进行工作部署，明确了地勘企业工作任务的来源。就地勘企业来说，与以上工作部署关系密切的主要业务主要有三个方面：一是传统资源的绿色勘查和可再生、环境污染小的绿色清洁能源等的勘查开发利用，以及资源开发过程中的“三废”减排及资源综合利用，其中绿色勘查是地勘企业实施“三个地球”建设最具优势的工作方向；二是对已存在的环境污染、重大或突出环境问题的治理修复业务，这是地勘企业实施“美丽地球”建设的核心方向，尤其是在矿山地质环境治理修复方面竞争力较强；三是支撑生态环境监管的自然资源要素的调查评价和监测工作，以及对国土资源空间开发利用布局做出顶层安排的规划类业务等，具体内容见表4－1。

表4－1 “美丽地球”相关工作内容

序号	生态文明建设的工作部署	工作内容
1	推进绿色发展	绿色勘查和资源综合评价；绿色能源资源勘查和开发（地热、煤层气等）；“三废”减排；资源综合利用
2	解决突出环境问题	水污染治理：矿井水治理、流域污染治理、河道整治、黑臭水体治理等；大气污染治理；土壤污染治理修复：土壤检测修复（农地、重金属污染的工业场地）、土地综合整治等；地质灾害治理；矿山地质环境治理修复（工矿废弃地生态修复）
3	支撑生态环境监管	生态地质调查、监测；大气、水、土壤、固体废弃物调查、监测；规划（土地利用规划、矿产资源规划）

“美丽地球”的工作内容决定了技术体系构成。对于地勘企业建设“美丽地球”主要涉及的业务，以下按资源的“规划—调查—勘查—开发利用—矿山治理修复”的产业链上下游顺序以及贯穿全过程的调查监测和环境治理为两条主线，分别对相关技术展开介绍。

4.3.1 自然资源规划

4.3.1.1 相关技术概述

自然资源规划为技术服务类业务，占地勘企业总体营收的体量较小，但其规划分区结果从顶层设计层面决定了不同分区内自然资源要素的开发利用强度及保护等政策导向，对建设“美丽地球”工作意义重大。自然资源规划体系由总体规划和专项规划组成，其中地勘企业承接或参与的规划类业务主要有国土空间规划（三规合一）、矿产资源规划（含地质勘查规划）、地质环境保护规划等专项规划，其核心任务是对空间进行分类分区。

规划编制和管理依赖信息技术对自然资源要素进行评价和辅助规划。随着计量科学和信息技术的发展，线性、非线性规划和多目标规划方法在规划中得到应用，地理信息系统和计算机辅助设计得到全面推广，应用ArcGIS、MapGIS等地理信息系统平台下的空间信息分析技术，建立基础数据库、模型库、编制和管理等信息平台，并将其广泛应用到各级各类的自然资源规划编制中，也是规划调整和实施的重要技术基础。

4.3.1.2 国土空间规划

(1) 智能模拟技术

国土空间规划是一门研究人地关系的学科，涉及各专业领域，同时还跨越了时空、行政、运营智力、规划设计的界限。智能模拟技术可以实现局部行为与全局演变的相互结合，智能模拟人地关系，并且客观分析个体的发展情况，促进整个系统朝着目标发展，这也是国土空间规划未来的发展方向。例如，多智能体系统的模拟特点和国土空间智能模拟的要求基本一致，可以把空间要素代入国土空间模型，通过一定的计算方法构建人工智能学习模型，然后将多智能体系统和学习算法相互结合，建立城市开发边界精细模拟模型。在对表征建设用地规模等因素进行量化后，可以实施的预测模型通过人工智能协同交互模块来模拟决策期间刚性和弹性的边界，最终得到相应的反馈机制（胡映，2020）。

（2）协同规划平台技术

协同规划平台是基于城市总体规划和土地利用规划建成的，同时又结合了其他产业布局的专项规划。该平台共享了基础数据和空间坐标，为国土空间的规划提供了业务协同工具、多种数据资源等信息服务。协同规划平台的功能包括基期数据处理、资源信息管理和项目在线审批，这些多功能平台对部门业务之间的协同联动进行了优化，为在线规划管理工作提供了方便。平台将空间信息数据作为基数，实现了 GIS 数据、物联网以及 BIM 数据的相互贯通，搭建起城市信息模拟平台，全面表达、分析了空间的各个单元，为国土空间的规划、协同编制以及监督管理等工作的开展奠定了良好基础。

（3）动态监测技术

监测系统的主要功能是实时掌握国土空间规划的运行情况，为空间规划管理提供依据。监测内容有国土空间的审批、规划的目标指标、用地变化等。通过比较获得的指标数据和目标数据来明确规划方案实施过程中存在的问题，并制订解决方案。通过对比往来的数据，能够更好地调整规划方案。利用非接触性的探测技术（例如遥感技术），可以精准区分国土空间。通过长期动态监测，可以有效管控国土空间。

（4）定期评估技术

当前对国土空间规划效果的评估，主要以长时间监测的数据作为依据，通过建立数理模型来评价国土空间规划方案的具体实施情况，忽略了大数据在评价国土空间构建环境中的价值。在信息化、智能化高速发展的时代，建议利用大数据进行评估。例如，通过网格人口数据与规划数据的相互结合，利用互联网技术，根据动态人口分布情况来评估文教体卫设施的布局是否合理。

4.3.1.3 矿产资源规划

矿产资源规划是指根据矿产资源禀赋条件、勘查开发利用现状和一定时期内国民经济和社会发展对矿产资源的需求，对地质勘查、矿产资源开发利用和保护等做出的总量、结构、布局和时序上的安排。矿产资源规划（以下简称矿规）是依据国民经济和社会发展规划编制的专项规划，是国家规划体系的重要组成部分。2020 年，第四轮矿规全面启动，目前已形成两类四级的规划体系：“两类”指矿规总体规划和地勘等专项规划，“四级”指国家级、省级、市级和县级矿规。各级各类规划形成相互衔接、相互补充、相互影响的有机联系的整体（图 4－6）。

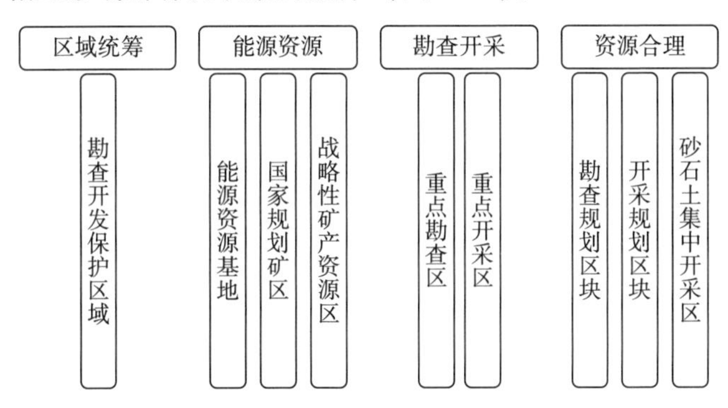

图 4－6　第四轮矿产资源规划分区与布局

（1）基于 GIS 的规划分区技术

规划空间布局及规划分区，是矿产资源总体规划的核心内容，而空间布局与规划分区的需要可通过 GIS 技术实现，矿规的编制及管理高度依赖地理信息技术，矿规的信息系统和数据库建设是矿产资源规划的基础工作。GIS 技术贯穿于矿规编制过程中的数据库建设和矿产资源规划管理和监督的全过程，主要应用有：①矿规编制过程中的分区规划：精确确定各级各类分区的空间位置，利用 GIS 技术中的空间分析技术对其进行相交、叠加、包含等空间识别检验，从而进行规划分区调整；②矿规编制过程中的分区空间类型和时序辅助决策：在 GIS 内对底层数据信息进行计算，根据一定的评价方法标准进行海量运算后给出结果并直接显示，提高了规划编制的科学水平和效率；③矿规管理过程中的矿权登记与审查：对于矿权设置进行快速检查，提高行政管理效率。以上均为 GIS 在矿产资源规划管理中的基础性应用。

（2）辅助决策技术

矿产资源规划涉及项目的审批，审批时要综合考虑申请项目的空间位置是落在国家规划区还是落在省级规划区，是落在禁采区还是落在鼓励开采区，是否与主要公路或铁路干线相交，其生产规模在相应的规划区内是否符合该规划区的开采规模等（耿召，2012）。

4.3.2 资源绿色勘查技术

4.3.2.1 绿色勘查技术的概念

勘查位于矿业行业最前端，传统地质勘查会给生态环境带来一系列影响，包括对植被和地表的扰动或破坏，对地表水、地下水的影响，以及油污污染、废弃物、扬尘等。实行绿色勘查，可以从源头上保护生态环境。绿色勘查是传统勘查技术的绿色化，是指以“青山绿水就是金山银山”和“创新、协调、绿色、开放、共享”发展理念为指导，综合考虑勘查区的生态环境、勘查成本、勘查劳动强度，合理选择节约、高效的勘查技术手段，综合开展多矿种的协同勘查与综合评价，最大限度地降低对生态环境的扰动和影响，最大限度地降低勘查成本及勘查劳动强度，以最小的成本取得预期的地质信息与成果。绿色勘查包含对已知的资源勘查、开发过程中开展的补充性勘查以及对未知资源进行高效、科学、节约的找矿工作（潘树仁，2018）。

新时代绿色勘查工作的主要目的是查明自然资源的生态属性、地质属性和资源属性，查明人类活动与生态环境的相互影响，服务于人类对自然资源的利用、改造和重塑。新时代绿色勘查工作将生态环境调查、地质灾害治理等单一环节、单一方面的勘查任务融合、贯穿于地质勘查工作的始终，构建起系统的地质勘查工作架构（赵平，2018）。

4.3.2.2 绿色勘查关键技术概述

绿色勘查技术体系是以已有的、完善的勘查理论体系为基础，引入“绿色发展理念”，参照现行的勘查标准选择合适的勘查工程技术，对资源进行绿色勘查与评价，形成可共享、可转化的勘查成果。绿色勘查的关键技术包括遥感技术、快速精准钻探技术、高精度地球物理勘探技术、地质大数据分析技术和绿色勘查环境恢复技术。以上技术为在生态文明建设要求下对传统技术方法进行的绿色化改造，服务资源勘查、科学开采、安全生产、生态修复四个方面，其在本质上属“透明地球”和“数字地球”的技术体系中的核心技术，其技术原理和方法手段在前文已有介绍，本节仅作概述。

（1）遥感技术

遥感技术是通过空间传感器接收地面目标反射、散射外来电磁波或者目标自身发射的电磁波而获得目标物理参数的技术方法，现已被广泛应用于矿产资源扫描勘查与靶区优选、矿山环境调查与生态环境动态监测等领域。特别是在自然地理条件恶劣、交通不便、工作困难、生态脆弱区资源勘查中，遥感技术发挥了重要作用。遥感技术的本质为绿色勘查技术，与其他勘查技术的最大区别在于其为“非接触式”勘查，相较东部地区，其在西北地区的应用效果更为显著。近年来，新型高分辨率、高光谱遥感技术、后遥感技术、可见光斜视和立体观测、干涉测量技术、综合多种遥感器的遥感卫星平台等的发展，为遥感找煤和生态环境监测提供了新的数据源和发展方向。

（2）快速精准钻探技术

快速精准钻探技术是利用先进钻探技术、通过优化机械参数和泥浆配置与准确定位目标层的有机组合，实现实际钻孔轨迹与设计轨迹偏差最小的快速钻探技术。在快速精准的基础上采用小口径则可进一步发挥降低设备和钻进成本、减小占地、减轻环境影响的优势，特别是钻孔岩层剖面和各含水层的保护以及关键层的快速精准定位。此外，在大口径救援井技术、多分支水平钻井技术、液动潜孔锤钻探技术、反循环钻探技术、组合钻探工艺、定向对接井技术、新型节水钻探工艺等方面，快速精准钻探技术均可作为适用于不同地质条件下的绿色勘查与修复等技术手段，是适合资源勘查和生态文明建设的先进的钻探技术。

（3）高精度地球物理勘探技术

高精度地球物理勘探技术主要包括地震勘探、地球物理测井等。地震勘探被证实是查明煤层地质情况（特别是构造控制）最为有效的一种方法。目前，三维地震技术迅速发展，已在炸药成孔和激发工艺、高密度数据采集和特殊观测系统设计技术、层析静校正技术、共中心点道集校正技术、大倾角叠前深度偏移成像技术等关键技术方面取得突破性进展。地球物理测井和钻探通常搭配使用，尤其可在无心钻井的岩性判别、岩性组合、煤岩界面识别、煤质分析以及煤系气各储层物性与资源潜力评价、富集区预测等方面提供关键性技术参数。伴随着小口径钻探发展而来的小口径测井技术，可实现设备集成化、微型化、电子化和智能化，已在煤炭、煤层气、页岩气甚至陆域天然气水合物等多矿种多目标协同勘查中广泛应用（王佟等，2010）。

（4）地质大数据分析技术

地质大数据分析技术是基于煤炭资源勘查积累的海量遥感、钻探、物探、化探、分析测试数据，这些资料不仅包括煤炭本身，还包括煤层气乃至其他共伴生矿产资源的关键参数和信息，可通过建立勘查成果信息库，搭建地质云计算平台，进行“地质大数据分析”，分析指导勘察工作。目前，地质大数据分析运用在煤炭地质勘察行业仍处于研究阶段，在存储管理、数据挖掘、地质大数据可视化等技术方面，还需要深入开展分析研究和技术攻关。

（5）绿色勘查环境恢复技术

资源勘查对环境的扰动是无法规避的，但随着勘查技术的发展，勘查工作对环境的影响逐渐减少。在勘查过程中，应严格进行环境修复与评价工作，环境的修复与保护应贯穿整个勘查过程。地表勘查场地布置、工程施工中固体与液体废弃物等对环境的影响等应在勘察设计、施工过程中予以考虑，在勘查结束后予以恢复，将对环境的扰动影响降至最低。煤炭绿色勘查环境恢复技术体系包含勘查过程中的固体废弃物处理技术、土地复垦技术、植被恢复技术、泥浆处理技术、钻孔封孔技术等（潘树仁等，2018）。

4.3.3 绿色能源开发利用技术

绿色能源的开发利用有助于节能减排，是推动绿色生产生活方式的重要方向。绿色能源分为可再生和非再生能源，其范围和领域非常广泛。近年来，地勘单位结合自身行业特点，主要在煤层气（煤矿瓦斯）、地热能等方向的勘查开发利用技术方面取得了重要进展。

4.3.3.1 煤层气（煤矿瓦斯）抽采综合利用技术

煤层气（煤矿瓦斯）的抽采、利用是解决矿井瓦斯安全、降低瓦斯直接排放的主要手段，尤其适用于煤与瓦斯突出矿井和高瓦斯矿井。当前，煤层气抽采方式主要包括煤层气地面开发与井下瓦斯抽采和利用两个方面。

（1）煤层气地面开发

煤层气地面开发井型主要包括垂直井和水平井两种形式。在此基础上，又研发演化出多分支水平井、丛式井、U 形井、V 形井等井型及相应的新型钻井技术。当前，垂直井的钻井技术成熟、成本低但控气面积小，需大量钻井，总成本高；U 形井与多分支水平井的单井造价高，而单井控气面积大，适用于煤层厚度大、煤体结构完整、煤层稳定，构造和水文地质条件简单的地区；丛式井多用于地形复杂、交通不便地区，有利于节约钻井成本。因我国煤储层物性差，煤层气地面开发需配套应用增产改造技术——例如，活性水携砂压裂增产改造技术重复压裂、分段压裂技术，氮气泡沫压裂技术，二氧化碳辅助水力压裂技术和冲击波增渗技术（叶建平等，2016）。

（2）井下瓦斯抽采和利用

矿井瓦斯抽采主要包括地面钻井采前抽采瓦斯、被保护层采前抽采瓦斯、井下煤层采前抽采瓦斯、井上与井下采中抽采瓦斯、采后抽采瓦斯、竖井揭煤前抽采瓦斯、石门揭煤前抽采瓦斯和煤矿瓦斯综合抽采方法（程远平等，2009），煤与瓦斯突出矿井和高瓦斯矿井是瓦斯抽采的重中之重。

利用方面，浓度大于30%的瓦斯可以用于燃气轮机和高浓度内燃机发电，而煤炭生产区的井下抽采的瓦斯浓度普遍小于30%，属于低浓度瓦斯，利用难度较大，主要有以下三种技术：低浓度瓦斯发电技术、低浓度瓦斯浓缩技术和乏风瓦斯利用技术。瓦斯发电是低浓度瓦斯利用的最佳途径。低浓度瓦斯浓缩技术发展迅速，在真空变压吸附技术和低温液化分离技术领域均已取得突破。小于1%的乏风瓦斯则可以通过与低浓度瓦斯混合，利用催化氧化汽轮机进行发电（龙伍见，2010；韩甲业等，2013）。矿区瓦斯浓度变化大，多级分布式能源利用系统能有效提高能源综合利用效率。

4.3.3.2　地热能利用技术

地热能的利用方式分为地热发电和直接利用两大类，温度决定了地热能利用的范围和方式，一般是高温地热发电和中低温地热直接利用。高温地热发电包括地热干蒸汽发电、地热湿蒸汽发电、地热双工质发电、地热全流发电、联合循环地热发电等；中低温地热直接利用包括地热供暖、地热温泉理疗、地热农业利用和地热工业利用等方向。依据地热资源赋存深度不同，地热资源热能提取技术主要分为浅层地热能热泵技术、中深层地热流体利用和深埋管式提取技术、干热岩热能提取技术等（苏逊卿，2017）。

（1）浅层地热能热泵技术

浅层地热能主要利用地源热泵技术的热交换方式，将赋存于浅层地层的低品位热源转化为可以利用的高品位热源。根据地下换热器的形式不同，地源热泵可以分为开式和闭式。闭式循环系统有水平埋管和垂直埋管两种方式，其循环介质完全被封闭在管路中，不受外界环境干扰。垂直埋管式地源热泵适合于用地比较紧张的城市地区，而且恒温效果好，维护费用少（陈焕新等，2002）。

埋入地下钻孔中的地下换热器一进一回形成回路，与大地进行换热。地源热泵可在夏季利用冬季蓄存的冷量供冷，同时蓄存热量，以备冬用；可在冬季利用夏季蓄存的热量供热，同时蓄存冷量，以备夏用。在夏热冬冷地区，供冷和供暖天数大致相同，冷暖负荷基本相当，可用同一地下埋管换热器实现建筑的冷暖联供，实属一种节能又保护环境的绿色空调。通常，地源热泵每消耗 1kW 的能量，用户可以得到 4kW 左右的热量或冷量。

（2）中深层地热流体利用和埋管式提取技术

中深层热流体利用是指通过向中深层岩层钻井，将中深层地热流体采出，由地面系统完成热量提取。中深层地热能深埋管式提取技术是通过向中深层岩层钻井，将低温流体介质注入取热管（井）中，把地层深处的地热能传递给管内低温流体并使之升温，由地面系统完成热量提取后，再次将温度降低的人工介质注入井中，形成闭式循环（沈文增，2019）。中国煤炭地质总局在中深层地热能开发技术上培育了自有核心技术“取热不取水”的关键技术（详见本书 7. 2. 2“关键技术”）。

“取热不取水”地热能利用主要关键技术包括：地热井的集成勘查技术、精准定向钻探与对接技术、新型高导热材料与绝热的中心管技术、高效的闭式单井和 U 形对接井的集成换热关键技术、SU 形闭式井换热的数值模拟评价技术、地温场及地面换热动态监测技术。

4. 3. 3. 3 干热岩热能提取技术

干热岩（HDR）热能提取技术是向干热岩钻探注入井和生产井，通过实施水力压裂，建立人工干热岩热储构造。通过向注入井中注入低温水，在干热岩中换取地热能，进而在生产井中获取高温蒸汽和水，由地面系统完成热量提取后再通过注入井回注到干热岩中，从而实现循环利用。

干热岩一般温度大于200℃，深埋数千米，是一种内部不存在流体或仅有少量地下流体的高温岩体，绝大部分为中生代以来的中酸性侵入岩。目前，我国在青海发现了大规模可利用的干热岩地热资源。由于干热岩的特征，其钻探工艺存在超深、高温、高硬度的特点。深层干热岩勘查施工关键技术主要包括：抗高温钻井液体系，超深、高温、高硬度地层无心钻进技术，超高密度水泥浆固井体系。

4.3.4 生态地质监测、调查评价技术

4.3.4.1 生态地质监测技术

生态地质环境监测对象包括空气、水体、土壤、固体废物、生物等客体，地勘行业涉及的环境监测侧重于地质环境监测，主要包括地质灾害监测、地下水环境和矿山地质环境监测。

（1）地质灾害监测

地质灾害监测的主要工作内容为监测地质灾害在时空域的变形破坏信息（包括形变、地球物理场、化学场等）和诱发因素动态信息。监测技术主要包括：地面沉降的监测技术、地面裂缝的监测技术、泥石流的监测技术、山体滑坡以及崩塌的监测技术。应用的技术手段涉及遥感技术、雷达成像、计算机应用技术、3S技术、自动化技术、数字化可视技术等。多技术、多学科、三维立体化的综合地质灾害监测及预警已成发展趋势，为实现实时监测、有效预警夯实了基础（徐安全，2014）。

（2）地下水环境监测

地下水地质环境问题主要有岩溶地面塌陷，地面沉降以及地表污染物污染饮用浅层地下水导致的饮水安全问题，地下水携带导致水土污染扩大等问题。

地下水的监测方式可分为人工和自动监测两种。发达国家已经开展了地下水水位的自动监测，监测设备既有一体式的，也有分体式的。我国当前的监测方式为人工和自动监测相结合。地下水环境监测技术主要包括抽

出处理技术、原位处理技术、水动力控制技术、生物行为反应监测技术等（杨建青等，2013）。

（3）矿山地质环境监测

在矿山的矿产开发过程中，主要地质环境问题有矿山植被、景观、土地、水均衡遭受破坏，局部地区水源、大气、土地受到严重污染，诱发采空区地面塌陷、沉降、山体开裂、崩塌、滑坡等灾害。监测的技术方法因矿山数量略有不同，主要包括单个矿山的监测和区域监测。

4.3.4.2 生态地质调查评价技术

生态地质调查是调查生态赋存的基础地质环境条件，主要是调查研究各种生态问题或生态过程的地学机理、地质作用过程及环境条件，形成岩石—风化壳—土壤—水等生态完整的地表与地下一体化数据，为生态系统整体保护、系统修复、国土空间用途管制等工作提供地球系统科学解决方案。生态地质调查的主要任务有以下四个方面：一是调查生态与生态地质条件的现状分布及变化，分析其相互作用过程；二是调查生态地质问题类型及其分布，分析其控制与影响因素，预测发展趋势；三是开展生态地质系统综合评价，提出国土空间利用与生态系统保护的修复建议；四是建立生态地质数据库和大数据平台，编制生态地质系列图件（聂洪峰等，2019）。

生态地质调查以地球系统科学为指导，涵盖了系统性的多学科调查，包括生态、环境、地质等诸多内容，需要综合应用遥感、地球化学、地球物理、大数据分析等诸多技术。

遥感技术是生态地质调查不可替代的技术手段之一。它不仅能够获取宏观尺度上的生态要素的类型、分布、面积、质量及动态变化信息，还可以获取地层岩性、断裂构造、水文地质要素等地质环境背景信息。遥感地质技术应用贯穿于整个生态地质调查全过程，不同尺度的调查采用的遥感数据源、遥感解译方法和生态信息提取等各有侧重。地球化学分析测试技术主要支撑生态地质调查中常量元素和微量元素在岩石、土壤和植物中的迁移规律研究，主要是指在规范的岩石、土壤、水、沉积物和植物样品采样、记录及其加工处理基础上，选择达到相关标准要求的实验分析测试方法，对元素及化合物含量特征及空间分布规律和迁移规律进行系统调查技术方法的统称。生态地质剖面测量技术是在岩石、土壤和植被生态特征发育典型和能够反映岩石、土壤与植被生态相互作用的部位，利用定性观察、描述和定量测量不同地质、地形地貌、土壤、生态等生态地质相关信息，系统地对岩石—风化壳—土壤—水—植被进行采样，并绘制生态地质剖面图。在需要时，可采用适当的地球物理方法和钻探方法。

生态地质涉及地球关键带的岩石圈、水圈、大气圈、生物圈多个圈层的要素数据，对上述多圈层数据的集成管理和综合分析对生态地质调查有着重要意义。因此，生态地质调查必须要建立“数量 + 质量 + 生态”三位一体、地上地下一体化的大数据综合管理与分析评价平台。以生态地质多圈层调查成果资料为数据源，建立模型库、方法库和知识库，研发生态地质单元评价、生态地质脆弱性评价、荒漠化及石漠化修复分区评价等子系统平台，实现对不同层级生态地质单元的生态地质系统功能性评价以及国土空间开发适宜性评价。另一方面，充分利用“地质云”已有软硬件资源与平台功能，与“地质云”深度融合对接，实现数据集成管理、信息共享、数据分析评价及成果社会发布等，打造“数据聚合—集成管理—分析评价—应用服务”的全链条、一站式生态地质调查工作流，客观高效地为政府决策、科学研究和社会公众提供不同层次需求的信息资料服务（聂洪峰等，2019）。

4.3.5 生态环境治理技术

当前，我国存在的突出环境问题主要体现为水、大气、土壤的污染和地质灾害问题等。由于矿山地质环境治理修复是地勘单位主要参与的环境治理修复业务，而其中包括了地质灾害治理及地质环境修复的内容，因此本节从水、大气、土壤的污染治理这三方面展开。

4.3.5.1 水污染治理

(1) 水污染的物理处理技术

污水中的污染物主要存在形式有三种：悬浮态、胶体以及溶解态。水污染物理处理的对象主要是悬浮态污染物和部分胶体。实际的处理方法主要分为两大类：一类是因悬浮固体与水存在密度差，污水受到一定的限制，悬浮固体在水流动中被去除，如重力沉淀法、离心沉淀法和气浮法等；另一类是悬浮固体受到一定的限制，在污水流动中将悬浮固体阻拦、抛弃，如格栅、筛网和各类过滤过程，这取决于阻挡悬浮固体的介质。

(2) 水污染的化学处理技术

污水的化学处理是利用化学反应的作用以去除水中的杂质，处理的主要对象是污水中难于降解的溶解物质或胶体物质。常用的化学处理方法有化学混凝法、中和法、化学沉淀法和氧化还原法。

(3) 水污染的生物处理技术

水污染的生物处理技术是在 20 世纪 90 年代得到迅速发展的一项污染处理技术，利用生物的生命代谢活动来减少污染物对环境的破坏，与传统的物理化学技术相比较，具有费用少、环境影响小、可最大限度地恢复环境等优点。按照生物处理所利用的生物种类，生物处理技术可分为动物处理、植物处理、微生物处理三种。

在水污染治理操作中，并不是只能单独使用一种方法，化学方法和物理方法通常是交叉使用的。面对各式各样的水污染，要根据实际情况，考虑成效时间、操作成本等不同情况，采用不同类型的技术手段来进行处理，从而找到最佳治理方案。

4.3.5.2 大气污染治理

大气污染物有三个主要来源：一是工业、企业生产活动，主要有害物质为烟尘、二氧化硫、重金属、农药粉尘等；二是人类生活活动，主要污染物为烟尘、二氧化硫、一氧化碳等有害气体；三是交通运输活动，主要污染物是氮氧化物、非甲烷总烃和铅尘等。

主要治理技术：①脱硫技术。在脱硫技术中，洗煤是最为常用的一种脱硫技术。对煤炭燃烧之后所产生的烟气进行脱硫是当前控制 SO_2 污染以及酸雨的最佳技术手段。目前，烟气脱硫的方式主要有湿法、半干法、干法以及硫氮联脱法等。②除尘技术。除尘技术是治理颗粒物的有效措施，主要通过改进燃烧技术及除尘器实现。③机动车污染控制技术。尾气净化是机动车污染控制的有效措施，主要包括油质改善技术、机内净化技术和机外净化技术（温珺琪，2019）。

4.3.5.3 土壤污染治理

土壤污染治理即通过采用工程措施及技术手段，使土壤中污染物的存在形态或与土壤的结合方式得到改变，使得污染物在土壤中的可迁移性和生物可利用性降低，或者是对污染土壤进行改良改造，降低土壤中有害物质的浓度。以下主要介绍三种污染土壤治理技术（张旭梦等，2018）。

（1）耕地污染治理工程技术

针对耕地的重金属污染、有机农药污染等，结合不同土壤理化性质，采用土著微生物的激活、微生物菌剂及其营养物质的配制等添加工程技术，使得土壤有机质含量提高，通透性能改善，也可采用常温解吸、热解吸等技术来治理被农药污染的土壤等。

（2）矿山污染土地治理工程技术

针对矿山土地普遍存在的矿山酸性废水、矿山尾矿污染等问题，采用中和沉淀法、化学氧化还原法、微生物修复法等单一治理技术及其强化技术，建立高效稳定的酸性矿山废水连续处理系统，并进行技术集成及工程示范。

（3）工业污染土地治理工程技术

针对企业搬迁后的工业污染土地污染物分布不均、污染复杂等问题，可采用原位化学氧化、原地异位固化稳定化、原位热脱附、原地异位间接热脱附等技术解决土壤污染问题。

针对土壤污染的复杂性和多样性，在对不同的污染土壤进行治理时要综合考虑污染物的性质、土壤性质及条件、投资成本等各方面的因素，选择最适合的污染土壤治理方法，从而达到高效、节约及彻底解决土壤污染的目的。总之，随着人们对环境的不断重视和“土十条”的出台，经济、有效的土壤治理技术即将出现，复合污染土壤治理术不久将会成为现实（张旭梦等，2018）。

4.3.6 资源综合利用技术

本部分内容主要结合地勘单位的实际，根据行业特点，选择了工业固废物的综合利用技术和有色金属资源综合利用技术进行阐述。

4.3.6.1 工业固废物的综合利用技术

地勘单位在当前业务转型升级过程中的一个主要方向是工业固废物的综合利用。工业固体废弃物主要是指在日常的工业生产过程中产生的固体、半固体以及除高浓度废水以外的液体废弃物，分为一般工业固废和工业危险废物（夏仁兵等，2016）。根据行业的类型，可划分为以下几种：①冶金废渣，其主要有钢渣、高炉渣、赤泥；②矿业废物，其主要有煤矸石、尾矿；③能源灰渣，其主要有粉煤灰、炉渣、烟道灰；④化工废物，其主要有磷石膏、硫铁矿渣以及铬渣；⑤石化废物，其主要有酸碱渣、废溶剂、废催化剂等，此外还包含一些轻工业所排出的下脚料、污泥以及渣糟等废物。工业固废的基本处理方法包括化学、物理、生物、填埋、焚烧及资源化利用六种方法。

根据生态环境部发布的《2019年全国大中城市固体废物污染环境防治年报》，2018年，200个大中城市一般工业固体废物产生量达15.5亿t，较2017年产量同比增长18.32%（图4-7）。

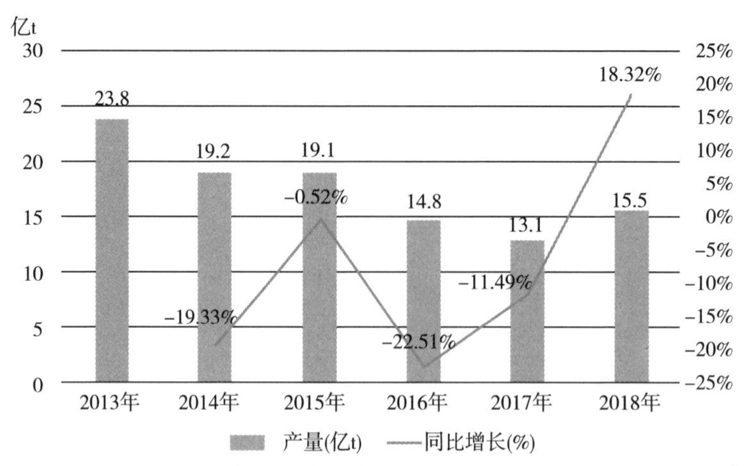

图4－7　2013—2018年200个大中城市一般工业固体废物产生量情况①

工业固废综合利用的关键在于对大宗工业固体废弃物的科学高效利用。大宗工业固体废弃物是指各工业领域在生产活动中产生量在1000万t以上，对环境和安全影响较大的固体废物，主要包括尾矿、粉煤灰、煤矸石、冶炼渣、炉渣和脱硫石膏等。六类大宗固废产量占固废总量的比例约为80%，因此，大宗工业固废的资源化利用水平决定了我国整体工业固废的利用水平。我国大宗工业固废的资源化利用方式见表4－2。

表4－2　我国大宗工业固废综合资源化利用方式

固废类别	资源化利用方式
尾矿	用作矿山地下开采采空区的填充料或建筑材料原料
粉煤灰	干化后用来制作混凝土掺和料或烧结粉煤灰砖
煤矸石	生产建筑材料，与煤混烧发电等
冶炼渣	回收有价金属
炉渣	代替砂石做道砟，铜冶炼水淬渣可做表面处理用的喷砂材料
脱硫石膏	制备五大凝胶材料之一的石膏粉

① 图片来源：杜悦英，2020。

4.3.6.2 有色金属资源综合利用技术

有色金属的资源化利用的主要方向是低品位、难选冶矿石的综合利用。本小节简单介绍大宗有色矿产中的低品位铁矿、难选冶金矿、中低品位氧化锌矿三种典型综合利用技术。

（1）低品位铁矿综合开发利用技术

低品位铁矿综合开发利用技术实现了复杂难处理低品位铁矿综合开发回收技术工业化应用的重大突破，形成了具有“低品位铁矿石多段预选抛废—多碎少磨—粗麻磁选—磁选精矿细筛磁团聚—尾矿再选”鲜明技术特色的成套低品位铁矿综合利用新技术，建成了典型的投资少、回报高、规模大、共性强的重大科技产业化示范工程。技术内容涉及预选抛废、多碎少磨、细筛和磁团聚提高铁精矿质量、尾矿再选提高铁回收率及全流程成本控制等方面，技术上具有相当的深度和广度，推广应用前景十分广阔（高玉宝，2020）。

（2）难处理复杂金矿原矿循环流态化焙烧技术

由于原生金矿循环流态化焙烧技术的投资成本降低、金回收率高、固硫固砷等污染防治效果令人满意，使原矿循环流态化焙烧受到广泛的重视。自 20 世纪 90 年代美国在内华达州科特孜（Cortz）金矿安装了第一台和鲁奇式循环流态化床焙烧炉以来，国外相继投产了 6 家以上的原生矿石循环流态化焙烧提金厂。国内已有从事复杂金精矿的焙烧提金工厂，开发了循环流态化原矿焙烧提金新技术，研究了烟气除砷、除素新技术，建成了一套完善的原矿循环流态化焙烧示范装置，完成了工艺及装备的工业化应用研究（高玉宝，2020）。

（3）中低品位氧化锌矿选冶联合处理技术

近年来，国外采用湿法冶金技术直接处理中低品位氧化锌矿有了重大突破，南非的 Anglo American 公司采用浸出—伴取—电积工艺，在纳米比亚建设了一座年产 15 万 t 锌、处理锌品位为 11.3% 的氧化矿。目前国内对氧化矿的处理方法主要有酸浸、碱浸等方法。我国云南省已经建设有直接酸浸—净化—电积工厂处理含锌大于30%的高品位氧化锌矿，研究了中低品位氧化锌矿高效回收选矿技术，开发出了中低品位氧化锌矿原矿和中等品位精矿湿法冶金新技术，形成了技术可行、经济合理的处理中低品位氧化锌矿的选冶联合新技术（高玉宝，2020）。

5

“三个地球”建设的发展方向

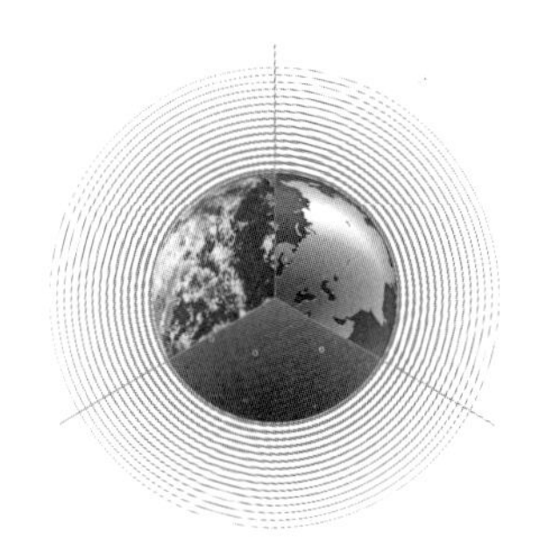

本章主要介绍了“三个地球”建设的发展方向，通过对国内外“三个地球”建设不同领域的现状情况分析，提出地勘行业建设的重点领域为资源绿色勘查与开发利用、清洁能源勘查开发、生态环境地质勘查与治理、矿山安全生产地质保障、地理信息与地质大数据开发利用、国家战略的地质保障等。同时，还提出了重点领域产业发展的保障措施，以及做好顶层产业布局与规划、健全产业支持政策与制度、加强组织领导、强化科技支撑、发挥人才核心作用等。

5.1

“三个地球”建设的发展现状

2018 年 12 月 28 日，在第十六届中国企业家发展论坛上，赵平在做题为“新时代中央地质勘查企业的担当与使命”的主旨发言时，首次提出“透明地球、数字地球、美丽地球”的共建畅想，简称“三个地球”。“三个地球”建设理念主要阐述了以地质勘查技术为依托的“透明地球”建设，以互联网和地理信息技术为依托的“数字地球”建设，以生态地质修复技术为依托的“美丽地球”建设的主要内涵，通过建立其相互作用联系的理论体系，结合新时代生态文明建设的具体要求，将地勘工作的三个独立方向融合到一起，提出了“三个地球”的系统体系（赵平，2019、2020）。

5.1.1 “透明地球”建设发展现状

“透明地球”建设是指通过综合运用多种先进地质勘查技术手段，借助地球大数据和地质信息技术，建立一个多尺度的、数字化的、透明的地质框架模型，凝聚所能采集的全部地质空间信息和属性信息，全面掌握地质体及其内部蕴含的各类资源的分布情况，充分反映地质框架的成藏条件、成矿条件、水文条件等多种属性，实现对地质体特征的全解析。

针对“透明地球”建设，世界主要国家均从地质角度提出过相应的概念与建设计划。1999 年，澳大利亚的 Carr 博士在“悉尼矿产勘查研究组覆盖层之下勘查讨论会”上，提出了“玻璃地球”的概念（Carr，1999），澳大利亚政府随之于 2001 年正式启动了“玻璃地球”计划，目标是使澳大利亚大陆地表以下 1 000m 深度以内的地质状况变得透明（刘树臣，2003）。随后，加拿大制订了详细的岩石圈探测计划，通过地震发射技术，深入探测了地球内部的地质情况。该计划不仅在基础地质研究上有了重大的突破，解释了北美大陆岩石圈的演化过程，在纽芬兰岛西部海岸发现了石油资源（徐宝慈，1992）。2001 年，美国国家科学基金会、美国地质调查局和美国国家航空与航天局联合发起了一项名为“地球透镜”的计划，主要目的是探索北美大陆的构造与演化，并揭示地震及火山喷发的秘密。此外，还有瑞士地壳探测计划、意大利地壳探测计划、德国大陆反射地震计划、俄罗斯深度地壳探测计划等。

国内在“透明地球”建设方面也开展了诸多探索性研究。2009 年 6 月，中国科学院发布了《创新 2050：科学技术与中国的未来》系列报告，该报告提出了“中国地下 4 000m 透明计划”，力争到 2040 年，我国主要区域的地下 4 000m 地质信息变得“透明”，为寻找深部矿产资源提供基础的研究资料。2014 年 4 月 16 日，有关单位在北京香山开展了以“中国‘玻璃地球’建设和核心技术及发展战略”为主题的科学会议学术讨论会。

在“透明地球”技术层面，我国的“深部探测计划”采用了多种技术集成的方案，包括地球物理探测技术、地球化学分析技术、深部钻探技术、数据集成和管理技术等。利用信息技术建立“透明地球”，使地质过程可视化，将为地质勘探带来巨大变革。技术开发是基础，关键是技术的融合，核心是信息技术（刘树臣，2003）。国内外从地球物理、地球化学、钻探、地质建模、数据管理等不同角度推动了“透明地球”的研究和应用，在大数据时代，数据的可视化和数据挖掘将进一步推进“透明地球”建设。

5.1.2 “数字地球”建设发展现状

“数字地球”就是数字化的地球，是一个地球的数字模型；“数字地球”建设就是利用地理信息系统、遥感、全球卫星定位系统、互联网、基础测绘等各项技术综合起来的信息化手段，将地质资料及地球上一切地质活动和环境的时空变化数据，按地球的坐标加以整理，构成一个全球的地球信息系统，通过定期采集全球与区域资源环境要素数据，开展自然资源调查、地质灾害、生态环境等的综合监测，以便直观、完整地了解地球的变化。“数字地球”是地球观测、地理信息系统、全球定位系统、通信网络、传感器网、电磁标识符、虚拟现实、网格计算等技术的集成（“数字地球”北京宣言，2009），本质是建立一个以空间位置为主线，将信息组织起来的复杂系统。

1998 年，时任美国副总统戈尔发表了题为《“数字地球”：21 世纪认识地球的方式（The Digital Earth：Understanding Our Planet in the 21st Century）》的演讲。他指出，将各种与地球相关的信息集成起来，可以实现对地球的数字化、可视化表达，以及多尺度、多分辨率动态交互。这是继信息高速公路、知识经济之后，美国的又一项全球信息化战略，并已然成为全球发展共识。美、德、日、澳等西方发达国家在数字化建设过程中不断推陈出新，世界数字化、信息化发展日新月异。1998—1999 年，美国国家航空航天局和地质调查局等联合举办了四次“‘数字地球’研讨会”。

中国在这个时期也积极推进着“数字地球”的相关进程。1999 年，“数字中国”构想提出后，各部委出台了多项鼓励数字化、智慧化、信息化发展的政策和指导意见，旨在打造网络强国、数字中国、智慧社会（余娴丽，2020）。1999 年，北京举办了首届“‘数字地球’国际会议”。“数字地球”概念的提出得到了中国科学家的积极响应，国内许多专家学者对“数字城市”“数字地球”也开展了卓有成效的研究。童庆禧院士从功能和作用两方面对“数字地球”进行了定义。他认为，“数字地球”是一个在地球空间框架下融合了地球各种数字信息的系统平台，该平台具有数据采集、存储、处理、传输、通信等功能，在地球数字信息化基础上，处理和分析地球科学问题，为全球资源、环境保护与利用等提供解决方案。李德仁院士则根据数据的多样性、数据处理的高效性以及数据的管理和服务，将“数字地球”形象地比喻为一个以信息高速公路为基础、以空间数据基础设施为依托、具有广泛意义的概念（谢志清，2020）。

大数据、物联网、云计算、人工智能等信息技术的不断发展带动了“数字地球”的不断革新。新一代“数字地球”是利用海量、多分辨率、多时相、多类型对地观测数据和社会经济数据，采用相应分析算法和模型构建的虚拟地球。2012 年，美国《国家科学院院刊》刊登了名为《新一代“数字地球”》的文章。该文提出了大数据时代“数字地球”面临的挑战与机遇，赋予了“数字地球”新的理解和诠释，标志着大数据开启了新一代“数字地球”的序幕（Goodchild，2012）。

5.1.3 “美丽地球”建设发展现状

“美丽地球”建设的核心就是促进资源开发利用与生态环境保护的协调发展，改善地球整体环境，推动人类生态文明建设。“美丽地球”作为专业概念是新近才出现的。20 世纪中叶，西方发达国家相继发生了一系列环境事件，促使人们反思人与自然的关系，警惕工业化、城市化、现代化过程中地球环境破坏的危险。慢慢地，原先多少带有一些浪漫主义色彩的“美丽地球”审美，开始越来越多地渗透进环境评价中，“美丽地球”成为人与自然和谐共存发展的目标。

21 世纪初，习近平总书记在浙江省调研时强调：“绿水青山就是金山银山”，科学处理了环境与发展、生态与经济的关系。2012 年，党的十八次代表大会首次提出了“美丽中国”执政理念。2015 年，十八届五中全会又把“美丽中国”纳入“十三五”规划。2019 年 4 月 28 日，习近平在北京出席世界园艺博览会开幕式，并发表题为《共谋绿色生活，共建美丽家园》的重要讲话，首次提出了“美丽地球”的理念，并明确提出了五点主张：我们应该追求人与自然和谐；我们应该追求绿色发展繁荣；我们应该追求热爱自然情怀；我们应该追求科学治理精神；我们应该追求携手合作应对。

地质勘查领域的“美丽地球”建设，要根据资源勘查开发的源头保护、利用节约与破坏修复全过程需要，在进行勘查的同时，使用多种勘查技术手段，有目的地开展生态环境地质的评估、调查、监测、治理、利用、修复，提出生态保护修复地质解决方案并参与修复治理，服务于人类主动改造、修复、重塑生态地质环境，将资源开发和利用阶段对环境的影响和破坏降到最低，实现资源与生态环境的科学合理利用（赵平，2019）。

5.2

“三个地球”的建设目标

“三个地球”是一个有机统一的整体，作为地勘工作的战略愿景，涵盖了资源与环境两大主题，涉及勘查、利用、保护、修复与监测各环节，包含了精准勘查、绿色勘查、协同开发、地质大数据、5G、生态修复等各种技术手段，推动了地勘工作理念的调整与变革。在“三个地球”作为一个整体提出之前，地勘领域也在不同角度、不同方面开展了大量工作，但其各自相对较为孤立，没有系统地融合到一个整体之中。在新时代生态文明建设思想的指导下，我们必须利用数据与信息技术作为载体，通过实施“透明地球”“数字地球”“美丽地球”建设工程，最终实现人类进步与自然和谐共生的社会发展目标。

5.2.1 “透明地球”的建设目标

“透明地球”的实质是基于地质大数据，将同一地质体的海量多源、异构、异质勘查数据，通过多学科深度交叉、深度融合，建立起遥感、物探、钻探、化探等各种地球空间数据间的有效联系，更加详细地展示研究对象的地质、地球物理属性、地下结构等信息，提高对地质现象、地质资源和地质环境的认知能力，实现地质结构分析三维可视化、地质过程模拟三维可视化，最终达到三维可视化虚拟地壳。

地质大数据包括基础地质、矿产地质、水文地质、工程地质、环境地质、灾害地质数据等。这些多源异构的数据主要通过地质测量、物探、化探、遥感、钻探以及分析测试等手段获取。地质大数据中包含很多对地质现象和地质过程的定性理解、定量估算和关系描述，这些数据大部分是一种半结构化或不良结构化甚至非结构化的数据，通过数据可视化可以描述、表达和理解各种半结构化甚至非结构化数据的关系和内涵。

“透明地球”的建设目标是以地质大数据为载体，通过表达三维可视化、分析三维可视化、过程三维可视化，提高对地质现象、地质资源和地质环境的认知能力，最终达到构建三维可视化虚拟地壳的目标，为后续开展地质、资源和环境研究提供决策分析。

5.2.2 “数字地球”的建设目标

“数字地球”的实现是基于区域性或全球性的数字地图及各种各样的地图数据库管理系统等，通过虚拟技术、定位技术、遥感技术、GIS 技术等对地观测新技术及其他相关技术有机集成，运用海量地球信息对地球进行多分辨率、多时空和多种类的三维描述。有了地球大数据平台，就可实现对地壳运动、地质现象、资源调查、地震预报、生态与环境变化、土地利用变化的动态监测，自然灾害预测和防治，环境保护等，最大限度地为人类的可持续发展和社会进步以及国民经济建设提供高质量的服务。

“数字地球”的地球空间信息包括地形、地貌、植被、建筑、水文等相对静态的空间信息，以及人文、经济、政治、军事、科技乃至历史等与位置相关的变动信息，这些信息组成了一个内容更加丰富的多维“数字地球”。“数字地球”依据的主要技术有开放平台技术、遥感技术、动态互操作技术、构件技术、数据发掘技术、分布式对象技术、智能代理技术、计算机图形和虚拟环境技术、多维虚拟现实技术、空间数据多媒体技术等。

“数字地球”的建设是以地球空间信息为基础，以数字技术为实现手段，对全球变化的过程、规律、影响以及对策进行各种模拟和仿真，从宏观的角度加强土地资源和水资源的监测和保护，加强对自然灾害（特别是洪涝灾害）的预测、监测和防御，对自然资源与经济发展、人口增长与社会发展等社会可持续发展问题进行综合分析预测，最终达到提高人类应对全球变化的能力、为人类社会及经济可持续发展提供高质量服务的目标。

5.2.3 “美丽地球”的建设目标

“美丽地球”的建设，就是要在地质勘查过程中实现人类活动、地质效应与生态系统的动态平衡，将“美丽地球”建设作为地质工作的一项重要任务，转型升级为地质勘查工作的一个重要阶段，开展生态地质勘查，减轻矿山开采对环境的破坏和环境污染对人类的威胁，服务于国土空间用途管制和生态保护修复的新要求。

习近平总书记指出：“我们既要绿水青山，也要金山银山。宁要绿水青山，不要金山银山，而且绿水青山就是金山银山。”这一科学论断清晰阐明了“绿水青山”与“金山银山”之间的关系，强调“绿水青山就是金山银山”的价值理念，对于新时代加强社会主义生态文明建设，满足人民日益增长的优美生态环境需要，建设“美丽地球”具有重要而深远的意义。

地勘行业的“美丽地球”的建设，就是要坚持“绿色、协同、精准”的原则，既保证勘查的目标得以实现，最大限度地减小（或消除）勘查手段对环境的负面效应，同时科学监测、预防、治理资源开发利用中的各类生态地质问题，最终达到资源开发利用与自然生态保护的和谐相处目标。

5.3

“三个地球”建设的重点领域

我国的主要矛盾在“十三五”时期已经转变，从“人民日益增长的物质文化需要同落后的社会生产之间的矛盾”变为“人民日益增长的美好生活需要和不平衡不充分的发展之间的矛盾”。地勘行业同其他行业一样，在新时代和新阶段面临着新矛盾、新问题、新机遇、新挑战、新目标、新任务等一系列新情况。“三个地球”建设作为地勘行业在新时代的战略发展愿景，其发展领域与方向必须紧紧围绕新时代大背景下对行业本身的新要求，在做好矿产资源安全地质保障的同时，提供生态文明建设的地质技术保障，这也是行业的历史使命与责任担当。

“三个地球”建设的重点领域横跨多学科和多专业，交叉分布，是多学科产业综合发展的体现，融合了资源地质、生态地质、农业地质、矿山地质、环境地质、城市地质、地理信息、数字地质等不同分类、不同层次的学科专业内容，涉及资源勘查开发利用、生态监测治理修复、地质大数据应用等多个行业内容，主要包括五个方面。

5.3.1 资源的绿色勘查与开发利用

我国矿产资源丰富，种类较多，但是由于矿产的地理分布和地质条件较为复杂，加之勘查开发技术水平有限，很多矿产资源得不到绿色勘查与综合利用，造成了极大的资源浪费，主要表现为资源勘查与开采的目标和手段还存在单一的问题。针对单矿种进行勘查，致使矿产资源的勘查及开采速度和开发力度较小，一定程度上阻碍了矿产资源的有效、合理综合利用。因此，传统上针对单矿种的勘查技术，因其会对环境造成扰动和破坏，已经不再适用，需要发展新型的针对多矿产资源与生态环境的协同绿色勘查与开发利用技术。矿产资源的绿色、协同勘查是以绿色发展理念为指导、以生态环境保护为约束、以技术创新手段为支撑、以资源保障为目标，贯穿勘查规划、资源勘查、矿山开采、采后修复等多个方面，“一次进场”即可最大可能地实现多种矿产资源协同勘查效益的最大化，多种手段精准综合勘查的环境扰动最小化，以及主动保护、改造、修复、重塑矿区生态环境，实现环境的最优化，全面保障矿产资源勘查、矿山安全开采和采后环境修复。

新时代的地勘行业要全力推进矿产资源绿色勘查与开发，保障国家能源矿产安全和生态安全，加快能源盆地多能源、多矿产资源综合评价与协同勘查开发技术研究，开展煤盆地煤炭、煤系气、煤中金属等矿产资源富集成矿规律和综合评价指标体系研究，建立煤系多能源矿产与其他共伴生矿产探采一体化地质保障技术体系，实现综合评价与协同勘查开发，保障国家基础能源安全，达到对资源的绿色勘查、开发与利用，支撑“透明地球”和“美丽地球”建设。

矿产资源绿色勘查技术的发展方向主要包括：矿产资源绿色勘查与开发理论研究，矿产资源综合评价体系与开发潜力评价研究，矿产资源绿色勘查技术与绿色勘查装备研发，深部矿产勘查与开发的地质保障技术，多能源矿产与其他共伴生矿产资源的协同勘查开发地质保障技术等。

5.3.2 清洁能源的勘查与开发利用

推进新型清洁能源矿产开发与利用是优化国家能源结构、推动能源革命的要求。目前，与传统地勘行业发展较为密切的地热能、煤系非常规天然气、煤系砂岩型铀矿、陆域天然气水合物等能源、资源的勘查开发仍处于起步和快速发展阶段，这是地勘行业转型和发展的主攻方向，也是“透明地球”和“美丽地球”建设的重点发展领域。

地热能方面，国内多家单位在地热资源勘查和利用方面开展了大量的科研工作，认为其是目前我国在替代化石能源进程中最现实可行、最具开发潜力的资源。地热能现已被广泛应用于发电、疗养和取暖等，但与我国丰富的地热能资源总量相比，其开发利用尚未达到足够规模。煤系非常规天然气方面，我国已在沁水、鄂尔多斯盆地东缘建成了多个大型煤层气生产基地，但相对其储量而言，煤系非常规天然气仍未实现突破。据自然资源部披露，2017 年，我国煤层气查明储量较 2016 年下降 9.5%，未能在天然气的供给中发挥其保障作用。在陆域天然气水合物勘探开发方面，我国成为全球第三个成功钻获陆域可燃冰的国家，但陆域可燃冰大规模开采技术仍在探索之中。

清洁能源的勘查开发与利用的发展方向有：地热能、可燃冰、干热岩等新能源领域的勘探与开发技术，包括中深层地热能取热技术、干热岩高温钻探技术、高温测井、大口径高温钻井与成井、地热能开发利用信息监测系统运行管理与能效测评等。“煤系气”资源探采一体化技术研发包括“煤系气”富集规律、选区评价和合探合采技术、陆域天然气水合物勘查、评价与开发利用技术等。

5.3.3 生态环境地质勘查与治理

在漫长的人类历史中，人类和自然环境关系的思想经历了崇拜自然、改造自然、征服自然和人与自然协调的几个过程。生态环境的地质勘查、治理是评价和修复人类发展过程中对自然环境的影响与破坏，是生态文明建设的重要内容，也是“美丽地球”的核心要义。生态环境地质勘查与治理以我国生态文明建设需求为总体目标，聚焦生态地质监测与地质环境治理修复等方面的技术难题，推动生态地质科技创新。遵循“山水林田湖草”生命共同体理念系统，提供生态保护修复技术支撑。推动“山水林田湖草”一体化评价，开展提供人类活动对生态环境影响评价、生态地质修复与重塑体系建设，支撑“美丽地球”建设。

生态地质勘查、监测与修复的对象既包括各类自然地质灾害，也包括资源开发引起的环境破坏，这其中有自然因素，但更多的是人为因素。生态环境修复要运用多种勘查技术手段，有目的地开展生态环境地质的评估、调查、治理、修复，服务于人类主动改造、修复、重塑生态地质环境，进而实现资源与生态环境的科学合理利用。

生态环境地质勘查与治理的主要发展方向包括：环境地质调查与恢复技术研究，地质灾害评估、勘查与施工技术研究；水土污染防治技术研究；开展地质灾害治理技术研发，加强崩塌、滑坡、泥石流等地质灾害的治理技术研究；开展农用地污染土壤治理与修复等农业地质领域研究，利用互联网、大数据、云计算、人工智能等信息化技术开展生态环境监测与地质环境治理修复技术；实施矿区地质灾害防护与生态环境保持工程、水污染修复、土壤改良等工程；开展地形地貌景观恢复、水土污染修复等技术研发等。

5.3.4 矿山安全生产的地质保障

经济发展对资源和能源的需求提升使矿山开发强度增大，同时，生态文明建设理念的提出也要求资源开发必须坚持绿色、安全之路。目前，矿山绿色开发存在一系列的问题，主要包括采空沉陷、顶板冒落、矿山固体废弃物、高矿化度矿井水、瓦斯突出、矿井火灾、水害、冲击地压等矿山常见灾害，矿山绿色安全面临新的更加严峻的挑战。近年来，我国矿山的绿色安全生产取得长足进步，但随着资源开发逐步走向深部，灾害的地质机理变得更加复杂，防治难度也变得更高。提升矿产资源绿色、高效、智能、安全、高质量开发地质保障技术，可支撑绿色矿山、智慧矿山的建设，保障矿山的绿色、安全、高效、智能生产，支撑“透明地球”和“美丽地球”的建设。

矿山安全生产的地质保障主要发展方向包括：加强煤矿综合防治水技术研究，推动煤矿井水减排、回注（地质封存）及综合治理与利用一体化技术体系形成；加强煤基固废注浆充填减沉、防冲、保水一体化技术研究，开展利用煤基固废注浆充填释放“三下资源”、减少地面沉降、保护含水层、预防冲击地压、增加采空区地基承载力等方面的技术研发；继续开展构造煤发育区顶板水平井瓦斯抽采技术研发与施工；探索煤矿冲击地压发生机理与预防技术；完善煤炭高精度三维地震、矿井综合物探勘查、快速精准大口径特殊钻探等技术体系。

此外，近几年来，随着供给侧改革的深入，各类关闭矿山数量激增，带来了一系列的资源、环境和社会等问题。加大关闭矿山剩余资源综合利用和环境治理，支撑矿区恢复与转型发展，既是目前矿山所在地的迫切需求，也是地勘行业建设“美丽地球”的又一重要方向。

关闭矿山资源利用与环境治理主要围绕关闭煤炭、金属、化工等矿山留下的矿产资源、矿井水、地下空间及地表土地等资源，建立对不同地质条件、开采方式、自然环境、投资方式、环境地质问题下的多元化资源利用与环境再造技术体系，开展综合利用研究，为实现矿山资源的完全利用、变废为宝提供技术支撑，可为地勘行业业务新拓展提供技术保障。主要发展方向包括：关闭矿井地下空间、剩余资源勘查与环境影响评价方法与技术体系；关闭矿井剩余资源的回收与利用技术研究；关闭煤炭矿山瓦斯抽采与利用系列技术研究；关闭矿区环境治理、土地资源地基承载力修复技术研究；关闭矿井地下空间储气、储油、储水、储能系列技术研究，重点开展盐穴储能、储气、储油及煤矿采空区储废、储水等方向研究。

5.3.5 地理信息与地质大数据开发利用

信息化、数字化是产业发展的大趋势，地勘行业应围绕地理信息产业对多源、多分辨率、多尺度、多类型的地质类大数据进行有效分类，相互调用、相互印证，独立地处理与调度，构成一个有机关联的信息体，逐渐从以数据生产为主的技术服务向以提供地质信息产品服务为主，以矿产地质大数据平台建设与数据开发利用技术为方向，开展相关软件的应用及关键技术研究，进行“智慧矿山”安全生产大数据云服务系统体系构建，开展国土空间规划大数据系统平台研究，开展“空、天、地”一体化地质灾害监测预警系统，进行像素信息挖掘及综合遥感应用平台研建等方向的攻关。

地质大数据云平台以数据为核心建设内容，在快速实现数据采集及有效汇聚的基础上，通过地质大数据技术与地质大数据应用、数据挖掘与关联建模、大数据的“全面共享”发展，实现地质数据信息资源的统一归集管理、应用和共享，最终推进地质数据集成与信息服务，形成“数字地球”。

地理信息与地质大数据开发利用是实现“数字地球”建设的主要途径，主要发展方向包括：加强测绘地理产业发展，建设地理信息系统平台；加强航空摄影测量方面科技研发，积极推进“数字地球”建设；加强地理信息技术在矿山灾害地质勘察、评价、治理领域的应用研究；加大航空物探、地理信息系统、环境灾害治理等技术融合创新；开展基于开源平台的时空大数据及中台技术研究，建立物联网管理、地理空间等可视化信息管理与开发平台；开展智慧矿山系统、智慧城市、航空物探和精细农业等新技术和新产品研发；建立无人机矿山生态环境三维模拟、“山水林田湖草”全要素体系建设、监测中心系统。

5.3.6 浅层地下空间探测

浅层地下空间是与人类生产、生活最为密切的深度，是城市与道路交通的重点地质领域。通过融合探地雷达、光纤检测、高密度电法、高密度三维地震、超浅层瞬变电磁等技术，加快地下空间高精度探测技术与工程应用研究，形成地表浅层地层结构、不良地质体探测技术体系，为城市多元素地质调查、公路与铁路病害检测、煤矿浅层陷落柱与采空区构造体探测等提供技术支撑。把城市“透明地球”建设与“智慧城市”建设结合起来，围绕城市地质—地下工程—城市地表一体化管理与预警，探索利用物联网、云技术、超算平台和数据融合技术，开展面向“智慧城市”的新型“透明地球”建设，开展面向“智慧城市”的地质时空大数据应用技术体系构建，形成城市地质工作融入“智慧城市”的整体解决方案，是“透明地球”和“数字地球”建设的有力抓手。

浅层地下空间探测主要发展方向包括：浅层空间探测、监测技术研发，针对城市道路安全、地下空间勘察、利用与监测等事件问题，研究浅层空间地下异常体的探测技术；开展道路病害检测，建立三维探地雷达城市道路病害探测技术体系；开展矿区陷落柱、采空区、溶洞等地下空间探测技术研究，形成系统精准探测、精细解译技术体系，具体包含开展道路病害探地雷达图像特征精细化解译技术研究、研发高精度探地雷达道路病害智能检测系统、建立三维探地雷达城市道路病害探测技术体系；加强地下0～200m无缝、高精度地质构造及异常体探测技术研发；研究地质雷达三维可视化、智能化解译及预警系统融合技术；探索超浅层瞬变电磁、三维高密度电法、超浅层综合地震、井间CT等技术。

5.3.7 国家战略的地质保障

地勘行业在我国各阶段建设发展时期都发挥了不可替代的作用。在新时代，作为国家战略的地质保障技术支撑，地勘行业更应发挥其责任与担当，积极参与“一带一路”沿线国家矿产资源勘查开发等地质工作，促进沿线矿产资源的开发利用。通过“走出去”政策，推进“一带一路”沿线国家重点矿产资源勘探、开采与加工的地质技术攻关，主动承担测绘、勘查等许多基础性研究与建设项目，推动当地经济发展，缓解国内矿产资源开发结构调整和稀缺资源的需求，践行人类命运共同体理念。

地勘行业在保障“国内大循环为主体、国内国际双循环相互促进的新发展格局”的战略决策中，应重点发挥其基础性作用，做好地质保障，全力开展黄河流域生态环境保护与矿产资源绿色开发的地质保障技术研究与应用，积极参与开展“京津冀、粤港澳大湾区、长三角、雄安新区”的能源与生态环境的地质保障技术研发与应用，为“三个地球”建设提供支撑，为国家战略实施提供地质技术保障。

5.4

“三个地球”建设的发展保障措施

5.4.1 做好顶层产业布局与规划

在地勘单位的“年度计划”“五年规划”“中长期规划”中做好“三个地球”建设方向相关产业布局，合理制定产业发展方向和攻关目标，使其融入单位的发展建设之中，同时建立健全规划和计划检查评估制度。将定期评估本规划的执行情况，作为对各单位进行工作考核的内容。强化规划指导作用，健全规划体系，各单位下属单位和部门应根据自身发展现状和所在地政策，制定本单位“三个地球”建设发展战略或规划，发挥基层的首创精神和实践精神，做好重点任务的落实。

同时，各单位及部门应群策群力，进一步从理论层面完善“三个地球”建设理念，将“十四五”规划作为“三个地球”建设理念的路线图和施工图，不断根据政策形势、市场变化、行业发展等，加强政策研究、科学谋划、精准定位，坚持目标导向与问题导向相统一，全面规划与突出重点相协调，战略性与操作性相结合，进一步细化完善“三个地球”建设的具体实施方案。

5.4.2 健全和完善政策制度措施

建立健全“三个地球”建设相关的各项制度，并从严执行，严格考核，要做到有章可循、执章必严、违章必究。对相关政策进行系统梳理，完善配套制度，抓紧填补空白，提升相关产业发展的规范化、制度化水平，增加和完善单位的日常管理、激励、考核等相关制度中的内容，使

“三个地球”建设与单位的产业发展关系有据可依。同时，要加强对制度执行的监督，强化制度执行力。健全权威高效的制度执行机制，明确各项制度的主体责任、监督责任、领导责任，形成制度执行的强大推动力。领导班子和领导干部要以身作则、率先垂范，发挥好先锋模范作用，在制度执行上给广大干部职工树立标杆、做出示范、当好表率。

5.4.3 加强组织领导，明确发展方向

各级改革发展委员会、科学技术委员会、产业发展委员会等组织要对“三个地球”建设从各自方向提出明确的发展要求和指导意见，并根据当前经济和社会发展实际情况，实时对“三个地球”发展方向和状态进行组织管理，同时定期汇总发布“三个地球”建设过程中获取的重大成果和先进经验，积极推广和应用。各单位间要加强沟通交流，充分发挥主业优势、技术优势，结合政策要求和市场需求，不断细化完善“三个地球”建设发展方向及实施方案，为行业转型升级和高质量发展提供新路径。

5.4.4 强化科技支撑与创新驱动

强化“三个地球”建设领域内的产业科技支撑工作，要合理设置产业的核心技术攻关方向，加强“三个地球”建设相关的核心技术与核心产品的攻关力度，加大科技创新的人才和经费投入力度；打造产业发展的科技创新平台和团队，遴选汇集行业内各产业方向科技创新平台与团队，打破传统企业壁垒，集合优势力量进行科技攻关，积极与高校和科研院所开展产学研用合作，拓宽科学技术交流的渠道和领域；推行全面质量管理和安全生产标准化制度，持续推进“三个地球”建设所涉新领域的团标、行标等标准化建设工作；要规范科研项目内审制度，整合行业内各专业专家资源；加强科研成果转化工作力度，建立健全科技成果转化体系，构建科技研发与成果市场化的桥梁，促进科技创新更加有的放矢；对行业内现有的科技成果进行梳理汇总，进行二次研发，增加应用价值；创新科研成果推广方式，确保科研项目施工质量，为新技术、新产品推广应用奠定良好基

础；制定科技成果的激励激发办法，对各类重大科技创新成果、国家级科技创新项目、科技创新人才与团队等给予配套奖励，提高科技人员积极性，激发企业创新活力，使科技创新成为支撑“三个地球”建设发展的核心驱动力。

5.4.5 发挥人才的核心与关键作用

人才是各行各业发展的关键，随着新设备、新技术、新工艺的推广和使用，以及新的经营理念、现代管理方法的导入，地勘行业中“三个地球”建设也迫切需要一批具有创新能力的领军人才以及对应的人才队伍。各单位要坚持“党管干部”原则和新时期好干部标准，建立以德为先、任人唯贤、人事相宜的选拔任用体系，从选拔任用上激励广大干部在“三个地球”建设中创造新业绩，展现新作为。各单位应构建合理的人才结构，健全和完善培养、选拔、流动、考核、激励等机制，营造高效、活力的人才制度环境。形成以领军人才为代表的科技人才体系建设，要以重大科技研发项目为载体，以创新能力培养和创新成果应用为手段，培育一批高素质的科技人才，同时构建一体化人才资源管理信息系统和共享信息库，建立人才梯队发展机制，建立客观公正的考核评价体系和差异化的薪酬分配制度，设立人才奖励基金，拓宽人才创业平台和发展空间。充分发挥人才在“三个地球”建设中的核心与关键作用，用好人才，留住人才，培养好人才。

5.4.6 提升管理水平，保障企业健康发展

“三个地球”建设的开展，离不开一套行之有效的管理制度，各地勘企业要注重打造现代企业制度，坚持投资、财务、风控、项目管理为主的“四轮驱动”，完善管理体系与机制。

完善企业管理体系与机制要以投资管理为导向，通过多种方式，获得稀缺资质。有效利用财政资金，严格项目投资资金监管，购置先进设备，提高生产效率、拓宽服务领域、提升技术水平。发挥投资带动作用，加大

“三个地球”建设相关装备及技术研发产业园区建设力度；加大与“三个地球”建设息息相关的地理信息、水工环、矿业勘查开发等板块的资源整合与市场开拓力度，积极培育提升核心竞争力。

以财务管理为抓手，拓宽外部融资渠道，积极拓展合作银行，提高财务保障能力，同时提升内部融通，严格按照相关预算管理制度实现预算管理，详细编制财务预算、决算报告，做到项目资金的管理事前有规划、事中有检查、事后有验收决算，确保按制度管资金，用资金保项目，充分发挥项目资金使用效益，节约成本支出，深入开展“降杠杆减负债”，加大“两金压控”力度，确保企业运行平稳。

以风险管理为保障，全面加强内控建设、风险管理及重大事项监测力度，开展法治建设及风控综合检查，实现闭环管理。坚持任中和离任审计相结合，开展“两金”审计调查，强化整改落实。深入推进主要负责人履行法治建设第一责任人职责。深化对企业改制、并购及重大项目的法律介入程度，加强重大事项报告，对“两金”、投资、贸易等高风险业务进行动态监测，及时下发风险提示并提出管控策略建议，积极谋划法律纠纷案件的处置，做好做实法律三项审核，成立合规管理委员会，以风险管理、法治建设和全面合规为抓手，全面保障转型升级和持续健康发展。

以项目管理为核心，完善项目全过程监督管控体系和考核奖惩体系，明确项目管理过程中“立项与决策、计划与准备、实施与控制、验收与交付、项目后评价”等每个阶段、每个关键环节的工作内容和管理要求。探索地勘行业特色项目管理模式，推广“二次经营”理念，即一次经营注重“提效率、降成本、压‘两金’、控负债”，二次经营注重“质量、信誉、品牌和市场占有”，有效提高项目盈利能力。

同时，要不断筑牢红线意识，加强对各企业“三个地球”建设过程中涉及安全、质量等方面的监管工作，有效保证各单位的生产经营工作的正常推进，集中开展安全生产大检查工作。重点检查项目工地及各单位的安全管理体系运行情况、安全责任、安全投入、安全培训、安全管理和应急管理的管理到位情况，及时发布隐患整改通报和安全管理风险提示，确保生产经营全过程平稳安全地进行。

5.4.7 坚持党建引领，筑牢发展基石

发挥党委“把方向、管大局、保落实”作用，为“三个地球”建设提供坚实的政治保障。要坚持把党的政治建设放在首位，不断增强“四个意识”，坚定“四个自信”，做到“两个维护”，坚持用习近平新时代中国特色社会主义思想武装党员干部，坚决贯彻落实习近平总书记重要指示批示精神，坚决贯彻落实党中央、国务院及国资委党委的重大决策部署，注重在学懂弄通做实上下功夫，把与党中央保持高度一致落实到“三个地球”建设的具体行动、具体工作上。要紧紧围绕新时代党建总要求和党的组织路线，以党的政治建设为统领，以加强党的基层组织体系为重点，以提升基层党建质量为主线，以服务改革发展为导向，全面深化“三基建设”，着力提升基层组织力，着力增强政治功能，把基层党组织打造成为组织体系严密、党员队伍过硬、基本制度健全的坚强战斗堡垒，推动全面从严治党向基层延伸，以高质量党建引领高质量发展。要在党员干部教育培训上下功夫，着力提升发展党员质量；在党员干部队伍上下功夫，健全党务干部成长通道，建好基层书记、党员干部队伍，切实提高各级党组织和党员干部政治能力，强化基层党组织政治功能，让党员干部成为“三个地球”建设战线上的中坚力量。同时，要做好适应新形势、新任务、新业态的宣传工作，将“三个地球”建设作为宣传重点，强化正面宣传，为全行业改革创新和转型升级提供舆论支撑，不断加强品牌建设工作，大力弘扬劳模精神、工匠精神，加大“三个地球”建设过程中涌现出的典型人物选树宣传，讲好行业故事，传播行业声音。

6

“三个地球”建设的评估体系

本章阐明了“三个地球”建设的评估意义，构建了“三个地球”建设的评估体系，系统地说明了“三个地球”建设的具体评估方法。从地勘人视角提出的“三个地球”建设愿景，是地勘企业最长远的战略谋划，是一代又一代地勘人生生不息、孜孜以求的伟大梦想。而实现伟大梦想，必然需要经过艰苦卓绝、不断突破的伟大斗争，这既是人类适应、认识、开发和保护地球，与地球相互作用、相互依存的过程，又是不断取得新认知、解决新问题、获得新发展的科学积累过程。地勘人对地球的每一项认知的取得，都是朝着伟大梦想前行的步伐。他们的每一步，都在不同程度上推动了社会文明的进步。

6.1

“三个地球”建设的评估意义

随着我国经济社会发展对能源、土地资源刚性需求的增加与生态环境要求越来越高、自然资源越来越少之间的矛盾冲突，科学获取与综合利用地质资源，实现社会可持续发展，成为“三个地球”建设的重要内容。建立一套系统的、合理的“三个地球”建设评价体系，不仅是地勘人自我约束、自我完善的要求，更是对社会、对未来发展的制度保障，是检验已有成果的标尺与引导未来事业的航向灯，是实现“创新、协调、绿色、开放、共享”五大发展理念和“人与自然和谐共生”的必然要求。

6.1.1 “三个地球”建设的现实需求

地勘事业的发展从单一勘探到综合勘探，从地下到地表，从人工到数字，从粗放到精细，从简单到复杂，从成熟地区到难点区域，从浅层到深部，从陆地到海洋，从传统到绿色，是一个不断进步、不断拓展的过程。在这个过程中，人们逐步加深了对地质活动和地质环境的认识，以及对地质技术的认识，地质勘查被赋予更多需求。“三个地球”建设目标是地质人的伟大事业追求，其实现过程一定艰辛曲折，道路复杂遥远。基于资源承载力和经济可持续性，发展路径需要不断优化，发展速度需要不断加快，发展质量需要不断提高，这就需要有一套技术指标来进行规范和引导，而建立“三个地球”评估体系正是满足其发展方向、发展质量和发展速度的现实需求。

6.1.2 人类地质行为的刚性约束

从国民经济统计报表来看，近10年来，国内生产总值（GDP）从2009年的335 353亿元上升到2019年的990 865亿元，总增量为655 512亿元，总增幅为195.5%；同时，2019年全年能源消费总量为48.6亿t标准煤，相比于2009年的31.0亿t增加了17.6亿t，总增幅为56.8%。由此可见，GDP的大幅增长有赖于资源能源的有效供给，而且在未来的若干年，能源供给仍将是经济社会发展的基石。经济社会的高速发展催生了资源能源的供给需求，社会对资源需求的增加与社会存量资源的减少、经济行为的增加与环境要求的提高形成了矛盾冲突，加剧了地质勘查业的市场竞争，影响着地勘秩序的正常发展。而土壤污染、水污染、大气污染、资源浪费、地面沉降等都是粗放型地质活动带来的次生地质灾害，因此，为有效实现减灾、消灾、避灾、防灾，达到“美丽地球”的终极目标，客观上需要有相应的约束机制与衡量标准。因此，“三个地球”评估体系建设必不可少，是人类从事地质活动所派生的刚性需求。

6.1.3 地勘行业未来发展的科学引导

2019年12月召开的中央经济工作会议分析认为，目前我国正处在转变发展方式、优化经济结构、转换增长动力的攻关期，结构性、体制性、周期性问题相互交织，“三期叠加”影响持续深化，经济下行压力加大。从行业看，地质勘查行业发展正处于挑战和机遇并存的历史时期，行业总体正处于转方式调结构、转换增长动力的攻坚期和深水区，迫切需要加快科技创新驱动转型升级。“三个地球”评估体系建设是催生新技术的动力源，既是对现有地质行为的刚性约束，又是对未来新技术革命的引导与激励；既是行业生产效能的检验标尺，又是支撑地质行业发展的基石；既是行业阶段性的总结与提升，又是新标准的起点与导向。因此，“三个地球”评估体系的建设是引领行业未来走向、推动行业可持续发展的客观要求，具有合理性与必然性。

6.2

“三个地球”建设的评估指标体系

“三个地球”建设具有不同理论基础与工作区间的支撑，在不同的资源禀赋、不同的经济区域、不同的行业中都有极其丰富的社会实践，且经过多年的生产实践及技术创新，已经形成了20多项产业标准和规范以及大量的科技创新成果，所涉及的内容包含资源绿色勘查与开采，资源集约利用，水、气、固废无害化处理，生态环境保护与修复以及信息技术的开发与利用。国家相继出台的关于资源利用、生态环境保护与推进信息化建设等政策文件与行业规范都是“三个地球”评估指标体系建设的重要支撑。

6.2.1 理论基础

6.2.1.1 评估体系的理论基础

煤炭地质勘查是我国地质工作者贡献青春的重要内容，在不断探索和生产实践中，地勘人形成了《煤炭勘查开发现状与储备研究》《全国煤炭资源勘查开发跟踪研究》《煤层气资源综合评价与区划》《中国煤炭资源赋存规律与资源评价》《煤炭与煤层气综合勘查技术》《中国矿产志·煤炭/煤层气卷》等理论专著与规范。在进行煤炭资源勘查的同时，地质工作者也同样重视对煤炭相关资源的勘查与利用，并著成了一系列的理论文献——《中国煤炭资源赋存规律与资源评价》《煤炭资源与水资源》《中国煤炭地质综合勘查理论与技术新体系》《煤矿防治水细则》《特殊和稀缺煤炭资源调查》等就是其中的代表，这些文献中的理论研究涵盖了含煤岩系沉积学研究、构造控煤与煤田滑脱构造研究、煤系非常规天然气资源地质特征研究、煤系锂镓等“三稀”矿产资源研究、煤炭清洁利用与绿色煤炭资源评价等。此外，地勘人还编制了包括煤炭地质勘查规范、煤炭煤层气地震勘探规范、煤田地质填图规程、遥感煤田地质填图规程、煤炭地质勘查钻孔质量评定等多项行业技术规范。这些理论文献和规范与国家、行业制定的相关标准、规范和指导意见共同构成了“三个地球”评价体系的重要理论基础。

6.2.1.2 评估体系的技术基础

地质勘查理论研究成果得益于勘查技术的不断更新，勘查技术的不断进步验证又助推了基础理论的深入研究。例如，从不同角度推动“三个地球”建设愿景逐步实现的技术有：以小口径快速精准钻探技术、大口径救援井技术、多分支水平钻井技术等为重要内容的地质钻探技术；以多维地震勘探、电法勘探、地球物理测井为主要内容的高精度多维地球物理勘探技术；从人造卫星、飞机或其他飞行器上收集地物目标的电磁辐射信息，并以之判认地球环境和资源的空天遥感技术；用工程治理技术、生态修复技术和生物修复技术进行生态环境治理的技术；以地质模型三维可视化技术和云平台技术为重要内容的地质大数据等。这些行业标杆类技术支撑着地质勘查实现绿色开采、科学开采、绿色建设、安全生产、高效利用、生态修复、产业信息化的发展基础，同时也是“三个地球”评估体系的重要组成部分。

6.2.2 构建原则

6.2.2.1 科学性原则

科学性原则主要体现在理论与实际相结合以及所采用的科学方法等，理论上要有依据，要经得起时间检验，同时又能反映“三个地球”建设的真实情况，具有现实支撑。评价指标首先要能抓住评价对象的实质，并具有针对性，解决主要矛盾，体现主要成果。其次，无论采用什么方法，定性还是定量分析，或是建立某种模型、函数，都要坚持客观的现象描述，抓住最重要、最本质和最具代表性的内容，确保评价的基本准确性。

6.2.2.2 系统优化原则

评价对象需用若干指标进行衡量，而这些指标之间具有关联性，甚至相互制约，不同指标反映被评价对象的不同侧面。尽量以较少的指标量（指标数量少和指标层级少）来全面系统地反映评价对象的主要内容。既要避免指标体系过于庞杂，又要避免单因素的选择，追求的是评价体系的总体最优和可信。

6.2.2.3 通用可比性原则

通用可比性指的是不同时期和不同对象间的同类场景比较，体现的是纵向比较与横向比较的直观性。纵向比较是同一对象或场景在不同时期的对比，其指标选择、计算参数、环境、内涵与外延保持基本稳定；横向比较是不同对象在类似场景下的比较，取其共同或相近指标进行设计评价。通用可比性因具有较高的对比度，直观、易懂，在实际运用中更易被接受。

6.2.2.4 从实际出发原则

“三个地球”建设愿景是地勘人的远期奋斗目标，需要分阶段、分梯次、分专业实施，是个不断迭代、不断完善的过程。“透明地球”“数字地球”“美丽地球”三者间既有专业分工。又有相互交集，既有相互支撑又有相互约束。由于专业特点不同、行业起点不同、衡量标准不同，在制定评价体系时，应从实际出发，实事求是地设定主体框架，体现“指标简化、方法简便，数据易采、信息可靠，基于实际、适当超前”的原则。

6.2.2.5 先进性原则

“三个地球”建设需要不断地有新理论、新方法、新技术以及新商业模式来支撑推进，评价体系要和建设进程与时俱进并适当超前，确保在一定时期内具有权威性和导向性，不至于因过快失准而频繁调整。适当先进性有助于激发建设者的主观能动性，从而推动技术创新；有助于引导市场，实现产业升级；有助于成果转化，实现战略落地。只有保持一定的先进性，才能发挥其约束作用，体现其评判价值。

6.2.2.6　开放性原则

理论上讲，在指标设计中，考虑得越全面、指标体系所涵盖的指标越多，越能反映“三个地球”建设的客观实际，但指标过多也容易导致指标间的交叉与重叠，增加实际工作难度。因此，选择指标数量时应该讲究适度性，力求选取代表性较强的主要内容和容易获取的重要数据。“三个地球”愿景建设是个循序渐进的过程，随着经济社会的不断发展，其社会环境、外部政策、实施路径、技术手段、人文理念都存在变量。人们对“三个地球”建设所产生的新的认识，需要在指标体系里有所体现。因此，指标体系的建设应具有一定的开放性和动态化特征，可以进行适时调节。

6.2.3　主要内容

6.2.3.1　“三个地球”理论实践的主要内容

“透明地球”的理论实践，着重于地质勘查从粗放式勘查向精细勘查提升，从单一煤炭资源勘查向煤炭、煤层气、天然气水合物和煤系“三稀”共伴生金属矿产资源等多能源矿产资源综合勘查转变；体现在生产方式的转变上，不仅促进了资源转化效率和资源综合利用的提高，还增强了采空区地面建筑物的安全性。在有关地质勘查方面的理论、标准和技术成果的支撑下，逐步实现深部勘查、精准勘查、综合勘查、绿色勘查和高效勘查，并以高精度的地质条件为基础，结合先进灾害防治理论和方法，保障煤炭矿井“全生命周期”的安全。因此，“透明地球”的核心内容在于效能提高、勘查精准、全程绿色和安全可靠。

“数字地球”的理论实践着重于智力支持系统成果与标准建设，体现在系统建设能力的覆盖面与应用程度、信息收集与处理能力、行业标准规范的建设能力和系统运用反应能力。“数字地球”可为决策者提供包含但不限于地质灾害预警、地质勘查数据分析、生态环境监测、专项方案筛选等服务功能及快速传输与运用。因此，“数字地球”的核心内容在于收集信息、处理数据、方案优选和管理高效。

“美丽地球”的理论实践着重于环境保护与修复；具体在于解决因煤矿开采带来的瓦斯、水、气、应力灾害，固体废弃物、地面沉陷、环境改变、关闭矿山等灾害治理问题，以及因其他因素造成的土壤污染、水污染的处理。因此，“美丽地球”的核心内容在于环境保护、生态修复、资源循环利用与体系建设。

6.2.3.2 “三个地球”建设评估的主要内容

“三个地球”的愿景建设包含了投资者与建设者的经济可行性、生态环境的持续性和公共管理的有效性，体现的是地球地质活动的经济效益、生态效益与社会效益的共同提升。因此，“三个地球”建设评估的主要内容在于经济效益、生态效益和社会效益三个方面。

经济效益体现在多个方面：资源产出的增加，一方面提高了主体资源的保障水平，同时也支撑了经济值的增加；对污染土地的修复及地下采空空间的处理，提高了工业用地附加值；绿色勘查减少了资源开采与环境修复的资金投入；固废处理促进了再生资源的循环利用，带动了第三产业的扩展与效益增加等。

经济效益的构建，既包括常规勘查成果和实施绿色勘查带来的经济效益，还包括煤系共伴生矿产、水资源的资源协同勘查以及空天遥感数据、高精度多维地球物理勘探数据、精细钻探数据的融合运用等所节约的成本构成。所节约的成本构成具体有：①资源综合开采成本支出的节约效益；②资源综合利用的溢出效益；③劳动力成本支出减少所产生的效益；④释放产能所增加的产品销售效益；⑤因绿色开采所减少的生态环境治理费用；⑥运用数字技术所节约的时间成本；⑦因采用科学开采方法而减少的安全保障费用支出；⑧二次开采的费用等。

生态效益体现在如下几个方面：①对污染土壤的修复，有效催生林草木的覆盖，推动了物种多样性；②对水污染的处理，提高了水质达标率与可利用空间，有效减轻了水资源的紧缺；③对关闭矿山的有效治理，减少了废气排放对空气的污染，消除了地面沉降隐患，保障了地形地貌的安全完整。

生态效益的构建更多地体现在感观和应用上的体验，以及对社会经济可持续发展的贡献，具体有：①地表及地下水的清洁利用；②土壤、土地的修复利用；③环境视觉效果的改善；④空气质量的改善给予民众的美好生活体验；⑤多元化生态链的恢复；⑥气、固体废弃物的处理与再利用；⑦地下空间的综合利用；⑧生态产业链的发展等。

社会效益体现在如下几个方面：①从社会舆情方面看，绿色地质勘查与矿山建设将对环境的影响降到了最低，减少了周围群众对恶劣环境的负面情绪；②从居住环境看，对已受损害环境的修复提高了公众对环境质量的满意度，增强了人文居住的适宜性；③从安全角度看，采空区的地下治理保障了地表层的稳定性，增强了地面附着物、铁路、水库等的安全性；④从文化建设层面看，对民众生态意识的建立、文明知识普及以及参与生态环境建设与保护的积极性起到了引导作用；⑤从制度建设方面看，推动了国家层面的环境等级标准制定、环境影响评价和环境监测机制的建立等。

社会效益的构建更具有现实意义与长远意义，是社会主义精神文明建设的重要组成部分，具体表现在：①社会声誉的影响；②生态安全的建设；③文明新风尚的培育；④信息资源的多元利用；⑤法规制度的完善；⑥发展思维的影响；⑦理论研究的进步；⑧技术装备的改造升级等。

6.2.4 基本框架

“透明地球”的核心内容在于充分发掘地球资源禀赋与高效获得方式，用绿色发展理念与手段达到资源节约的目的。其主要关注点在于探究资源存量情况、资源合理利用情况和有效控制资源开发利用成本。“数字地球”的核心内容在于以经济高质量发展为前提，体现的是利用现代信息技术与手段多维度地反映地球地质活动与环境的时空变化，构建海、空、地三维建模及信息储存运用，实现高效运用和管理的目的。“美丽地球”的核心内容在于在实现经济社会可持续高质量发展的同时，恢复“山水林田湖草”的自然生态，确保自然生态环境的健康有序。同时，在如何实施生态文明建设的推进与标准化的制定中发挥作用，体现的是人与环境的共存关系，最终实现经济可持续、环境友好、人与自然和谐共生的目的。

根据指标设立的原则和思路，可依据现有技术条件选择相对应的参数，构成“三个地球”建设评估的基本框架（表6-1、表6-2、表6-3）。

表6-1 “透明地球”建设评估的基本框架

一级指标	二级指标	三级指标	指标属性
“透明地球”	地质勘查	主体能源保障	正
		绿色勘查	正
		煤系气综合勘查	正
		煤水共探	正
		精准勘查	正
		勘查领域拓展	正
		安全保障	正
	煤炭开采	煤炭资源释放	正
		煤系气综合处理	正
		矿井水无公害处理	正
		采煤沉降	逆
		煤矸石处理	正
		煤炭、矸石自燃	逆
		煤炭分析测试	正
	煤系气伴生资源	地下水处理与利用	正
		瓦斯排放	逆
		煤系气综合开采	正
		煤中稀土提取	正

表 6－2 “数字地球”建设评估的基本框架

一级指标	二级指标	三级指标	指标属性
“数字地球”	地理信息	多维地球物理勘探	正
		卫星遥感	正
		航空摄影	正
		智能测量、测绘	正
		3S 技术运用	正
		地质模型三维可视化	正
	智力支持系统	地勘大数据平台建设	正
		多元信息复合处理	正
		标准建设能力	正
		管理调控能力	正
		互联网应用	正
		云计算服务	正

表 6－3 “美丽地球”建设评估的基本框架

一级指标	二级指标	三级指标	指标属性
“美丽地球”	环境保护	瓦斯排放	逆
		水体污染	逆
		土壤污染	逆
		煤炭自燃	逆
		采空区沉降	逆
		固废处理	正
	生态修复	地表及地下水清洁利用	正
		土壤、土地的修复	正
		气、固体废弃物再利用	正
		地下空间综合利用	正
		空气质量	正
		环境视觉效果	正

6.3

“三个地球”建设的评估方法

6.3.1　目的与功能

党的十八大提出了“优化国土空间开发格局、全面促进资源节约、加大自然生态系统和环境保护力度、加强生态文明制度建设”四项生态文明建设基本任务。党的十九大提出了“推进绿色发展、着力解决突出环境问题、加大生态系统保护力度、改革生态环境监管体制”四大要求，提出建立“人与自然生命共同体”。两次大会对生态文明建设的要求是一脉相承、继往开来的关系，有利于实现国土空间开发格局进一步优化、资源利用更加高效、生态环境质量不断改善、生态文明重大制度基本确立的主要目标。

地勘人提出并实施的“三个地球”建设是一个关系到国家能源安全、粮食安全的重大问题，是国民经济发展的重要支撑，是进一步贯彻落实习近平新时代中国特色社会主义思想、开创新时代煤炭地质勘查新篇章的具体实践。“透明地球”“数字地球”“美丽地球”三者从资源问题、环境问题、社会问题等不同视角诠释地质勘查业在经济社会发展过程中的赋能作用，以新的功能定位、不同的技术手段以及与时俱进的目标追求体现新一代地勘人的历史使命。“三个地球”评价体系的建立，能够展现地勘技术体系的发展脉络，鉴别不同阶段实践成果的成色，有助于有效实施技术迭代与管理创新，并在企业标准化建设、人才培养、成果转化、社会管理有效性及催生新技术等重要问题上得到提升，能够充分体现“三个地球”建设愿景的科学性、严谨性和实操性。

6.3.2 评价主体

“三个地球”建设愿景是经济社会发展的重要组成部分，承载着地勘人对“人与自然和谐共生”的重大理想追求，是落实十九大关于“山水林田湖草”及“两山”理论精神的具体实践。其建设成效需要政府及相关部门从国家治理角度进行检查、监督和指导；需要投资人从投融资回报、运营回报及社会影响角度来审视成效；需要第三方研究机构以专业身份从执行规范、行业标准角度进行客观评价；同时还需要受覆盖群体以体验者身份提供切身感受与未来需求。因此，“三个地球”建设的评价主体应涵盖政府及相关部门、投资人、第三方研究机构与体验者。

6.3.2.1 政府及相关部门

政府及相关部门既是群众利益的代表者，也是社会发展的引导与推动者，在保障人类健康、推动公众认知、主导生产与消费方式、决定财政金融政策、制定相关规范标准等方面，具有不可替代的权威作用。政府及相关部门会从宏观调控角度来审视“三个地球”的建设成效：是否符合国土空间规划，是否符合区域资源禀赋特点，是否符合行业标准要求，是否对应资源承载能力，是否契合不同地区经济发展方向等。所以，政府及相关部门是“三个地球”建设评估的重要评价主体。

6.3.2.2 投资人

基于经济社会发展的多元化，投资人在国家政策框架下进行生产建设，在其投资范围内有其合法利益享有权，投资人有权对其投资项目的进展情况、资金执行情况、安全保障情况、质量效果情况、后续服务情况等提出要求和规定。“三个地球”建设客观上要服务于投资人的建设目标，为其投资收益做保障，因此，投资人也是建设评估的主体之一。

6.3.2.3 第三方研究机构

随着政府职能的转变、行政体制机制的改革、法律法规的完善及社会组织的不断发育，第三方研究机构考核的地位和作用将逐步强化，它们可从技术规范问题、质量标准问题、投入产出问题等多方面做出独立评价。这样的评价将突破政府部门和地区利益，消除投资者的隐藏私利，做到对国家、对社会、对生产者公正客观、科学规范与透明可信，也有利于推动行业发展与科技进步。因此，在未来地勘建设中，第三方研究机构将逐步成为“三个地球”建设评估的重要主体。

6.3.2.4 体验者

“三个地球”的建设过程与最终成效不仅影响区域经济，最终必然还要落实于人民群众的生活体验与社会泛在。随着决策民主化进程的深入推进，国家对社会舆情的越发重视，社会监督的作用更加凸显。人民群众既是生活环境切身体验者，又是反映实际情况的情报员，还是社会舆情的重要载体，更是促进需求改善的重要推手。因此，作为体验者的人民群众的直接感受是对“三个地球”建设的重要评判。

6.3.3 方法运用

“三个地球”建设涉及资源综合利用系统、环境保护系统、清洁生产系统、生态修复系统和信息收集处理系统，其侧重点各有不同，但彼此之间相互关联，互有渗透。“透明地球”着重于绿色开采与资源节约利用，体现的是过程与效能；“数字地球”着重于数据采集处理与高效运用，体现的是技术手段现代化；“美丽地球”着重于环境修复与生态文明建设，同时也对前两者具有约束与引导作用，注重结果的呈现。从经济效益、生态效益和社会效益三个方面对“三个地球”建设进行评估，需要用不同的评估方式：有市场价格定位的，可直接以经济价值来量化，即市场价值法；无法以市场价格来定量的，可用间接市场价格来衡量。间接市场评估方法主要有以下几种类型：

替代价格法：在可比的情况下，根据已知的、有可比性的替代物或其他商品（服务）的价值来评估特殊服务或生产的效益。

剩余价值法：在资源生产或利用过程中，以相比于常规生产方式而产生的额外溢出价值作为评估依据。

重置成本法：在现实条件下，用重新购置或建造一个全新状态的评估对象所需的全部成本减去评估对象的实体性陈旧贬值、功能性陈旧贬值和经济性陈旧贬值后的差额，可以作为评估对象现实价值的一种评估方法。

机会成本法：在无市场价格的情况下，资源使用的成本可以用所牺牲的替代用途的收入来估算。

生产率变动法：利用生产率的变动来评价环境状况变动影响的方法。生产率的变动是由投入品和产出品的市场价格来计量的。

旅行成本法：一种评价无价格商品的方法，利用旅行费用来计算环境质量发生变化后给旅游场所带来的效益上的变化，从而估算出环境质量提升带来的经济收益。

条件价值法：当前世界上流行的对环境等具有无形效益的公共物品进行价值评估的方法，主要利用问卷调查方式直接考察受访者在假设性市场里的经济行为，以得到消费者支付意愿，并以此来对商品或服务的价值进行计量。

对于不同评价内容可用不同评估方法（表6－4）进行评估，也可交叉综合使用不同的评估方法（包含但不限于以上各种方法）。

表6－4　“三个地球”建设评估的方法运用

评价内容		评价方法
经济效益	资源综合开采节约效益	市场价值法、重置成本法、剩余价值法
	资源综合利用溢出效益	市场价值法、重置成本法、剩余价值法
	劳动力成本支出降低	市场价值法、生产率变动法
	产能释放经济增加值	市场价值法、重置成本法
	生态环境治理费用减少	市场价值法、替代价格法
	时间成本节省	市场价值法、替代价格法
	安全保障费用节约	市场价值法、替代价格法
	二次开采费用降低	市场价值法、替代价格法、剩余价值法

续表

评价内容		评价方法
生态效益	地表及地下水的清洁利用	替代价格法、重置成本法、机会成本法
	土壤与土地的修复利用	替代价格法、重置成本法、机会成本法
	环境视觉效果的改善	旅行成本法、条件价值法
	空气质量给予民众的生活体验	旅行成本法、条件价值法
	气、固体废弃物的处理与再利用	市场价值法、替代价格法、剩余价值法
	地下空间的综合利用	市场价值法、重置成本法、剩余价值法
	多元化生态链的恢复	剩余价值法、旅行成本法、条件价值法
	生态产业链的发展	生产率变动法、成本核算法、替代价格法
社会效益	社会声誉的影响	条件价值法、旅行成本法
	生态安全的建设	替代价格法、生产率变动法
	文明新风尚的培育	条件价值法、旅行成本法
	信息资源的多元利用	机会成本法、生产率变动法
	法规制度的完善	条件价值法、机会成本法、生产率变动法
	理论研究的进步	条件价值法、机会成本法、生产率变动法
	发展思维的影响	条件价值法、机会成本法、生产率变动法
	技术装备的改造升级	替代价格法、机会成本法、生产率变动法

6.3.4 影响“三个地球”建设评估指标的因素

“三个地球”建设评估体系会受多个方面不确定性因素的影响：评价指标的选择、指标权重的确定、资源禀赋的区域差异、地区经济基础的不同、“三个地球”自身发展的不平衡性、与其他行业标准的兼容以及技术的局限性，都会在不同程度上影响其完整性、合理性和权威性。因此，评价体系的建设需要不断调整与完善，是与“三个地球”愿景建设进程相互推动和佐证的过程。

7

“三个地球”理论的应用实践

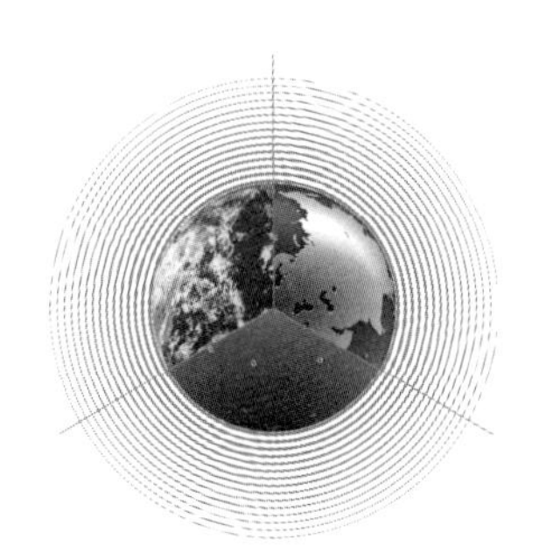

本章主要介绍了“三个地球”理论与具体的地勘行业工程相结合的典型实例，内容包括矿山地质环境勘查与恢复治理、地热能勘查与智能化开发利用、废弃盐矿空间利用、“智慧矿山”数字化建设、矿山安全生产的地质保障等，涉及的项目是“透明地球”“数字地球”“美丽地球”在地勘产业中的典型代表。

7.1

青海木里煤矿区生态地质勘查与修复治理

7.1.1 实施背景

木里矿区位于青海海西蒙古族藏族自治州天峻县和海北藏族自治州刚察县境内，属高山地貌，是青海省最大的煤矿区，也是西北地区目前唯一的焦煤资源整装勘查区域，由江仓矿区、聚乎更矿区、弧山矿区和哆嗦贡玛矿区四个矿区构成，木里矿区煤炭资源丰富，现已查明煤资源的矿区为12处，查明储量33.39亿t。

根据木里矿区生态整治项目招标文件显示，近年来，由于企业非法采煤，造成了严重的矿山地质环境问题（图7-1）。不法企业在采取煤炭资源的同时，致使矿区地表形成了规模不等的采坑和渣山，生态环境问题具体表现为地貌景观破坏、植被破坏、土地损毁、冻土破坏、土地沙化与水土流失、边坡失稳（滑坡、崩塌）等，致使水资源、土地资源、植被资源遭到破坏，水域涵养功能下降，加重了沼泽、草甸的退化和水土流失。

2020年8月，青海省委、省政府启动了祁连山南麓青海片区生态环境综合整治三年行动，计划三年建成高原高寒矿山生态公园。综合整治行动紧扣“两月见型打基础、当年建制强保障、两年见绿出形象、三年见效成公园”的目标，紧盯两个月、年内、两年、三年的时间节点和阶段性任务，挂图作战、倒排工期，环环相扣、压茬推进，严格落实责任清单，严格实行销号管理，一项一项抓、一件一件干，确保按计划、按进度高质量完成综合整治各项任务。

图7-1 木里矿区内已经停止开采的矿坑①

整治行动坚持整治为先、修复为要，科学治理、精准施策，统筹开展采坑回填、渣山复绿、边坡治理、植被恢复、环境整治等各项工作。相关政府部门综合运用法律、行政和市场等手段，依法依规全面关停祁连山南麓青海片区内非法矿山企业，确保停得下、关得了、退得出。行动要建立健全体制完善、法制完备、管理严格、保护到位的长效机制，打造高原高寒地区矿山生态环境修复样板。

2020年8月开始，中国煤炭地质总局承担和实施了青海省木里矿区生态环境综合治理方案的制定和主体治理工程的实施（图7-2）。在项目上，总局组建了业内顶尖的管理、技术、施工团队（图7-3），按“一坑一策、渣土回填、边坡稳定、水系连通、构建湿地、资源保护”的生态环境综合治理总思路，采用多项生态地质环境领域治理关键技术，全力以赴开展木里矿区的环境治理。工程的开展是践行习近平新时代生态文明思想，着力推动地勘行业“三个地球”建设战略愿景的具体成果体现，也是聚焦央企主责主业、深入转型发展的具体内容，为企地合作扎实推进地方政府生态文明建设打下了坚实基础。

① 图片来源：央广网，2020。

图7-2　中国煤炭地质总局队伍承担木里矿区环境整治任务

图7-3　木里矿区环境整治方案现场论证会

7.1.2　治理思路与方案

遵循“山水林田湖草”生命共同体理念，以“技术可靠、经济合理、景观融合、贴近自然”为出发点，根据现场调查成果结合以往勘查资料，该项目采取了“一坑一策、水源涵养、冻土保护、生态恢复、资源储备、分区管控、以水代填、依法依规、经济合理、创新支撑、实现生态保护与节约优先，自然恢复与资源保护有机结合”的综合治理思路（图7-4），因地制宜，分型施策。项目采用“三工程一保障”综合治理体系实施修复，其中“三工程”指采坑整治、边坡与渣山治理、水系连通或水系修复重塑措施，“一保障”指矿区生态环境监测信息系统。

治理方案主要按“一坑一策”治理模式，有针对性地实施。对于不同的区域，采用边坡阶梯整治与复绿、坑底平整复绿、水系连通、高原湖泊再造、矿坑回填、资源保护、削坡整治美化、地貌恢复、压帮缓坡、土壤改良、局部构建湿地等多种治理方式的不同模式组合的方式开展治理(图7-5)。

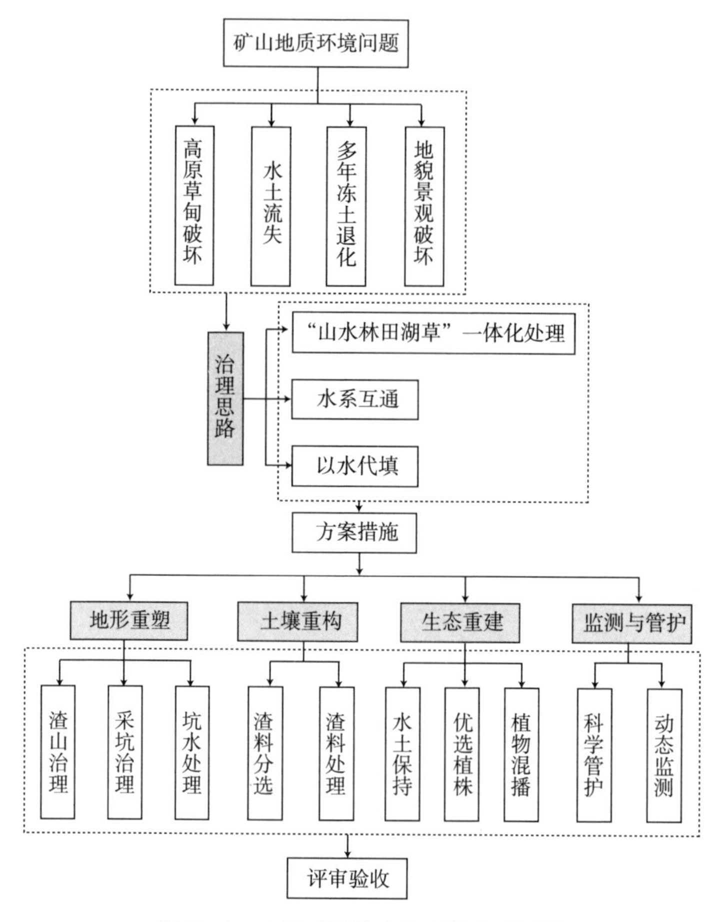

图7-4　木里矿区综合治理技术路线图

图7-5 中国煤炭地质总局在木里矿区环境整治的大型机械群[①]

7.1.3 治理手段与方法

木里矿区位于青藏高原高寒地区，其主要生态系统类型包括高寒草甸生态系统、高寒湿地生态系统与冻土生态系统。采矿活动对聚乎更矿区的生态服务功能造成了严重的破坏，水源涵养、土壤保持与生物多样性保护功能都有了不同程度的下降，特别是矿井及周边区域，生态服务功能损坏十分严重。项目主要采取的技术手段和方法包括：

（1）高寒地区地表生态治理修复技术

通过研究混合种植土的各种物理性质、化学性质以及力学特性，使用一定比例的混合再造有机种植土，同时对比分析平台种植、开凿种植、框（架）格植草、鱼鳞坑、高陡光滑岩面打孔植生技术和蜂巢式网格植草等方案，形成针对高寒地区的地表复绿方法与方案。

（2）高寒地区边坡稳定性防护技术

通过边坡岩体结构、赋水状况、周围影响因素与类型等判断边坡稳定性，利用数值分析等手段分析边坡的应力应变情况，尤其针对木里地区的冻土边坡开展温度场、应力、水分相互规律性研究，确保边坡的稳定性，

① 图片来源：央广网，2020。

防止发生次生灾害，同时开展边坡加固与植被生态恢复相结合的复合边坡生态防护技术研究与应用，稳定防护效果。

（3）地下水污染防控与水系重构技术

对采坑积水水源识别与地下水进行评价，划分污染风险区，确定对采坑积水的分级分类治理。针对不同污染风险区，分别采取自然强化修复、化学修复、电法修复、隔离隔断等技术手段。建立多级湖泊—河流/植被系统水源保护系统，改善湖泊、河流的水质。

（4）生态脆弱区生态修复监测与评估技术

利用航空摄影测量、遥感、光纤传感等技术手段进行检测，利用收集的大数据进行分析，采取控制点的现场调查为标定，建立修复区的生态模型，开展实时矿区生态监测平台模型的搭建与研究，实现生态脆弱区生态修复动态监测与评估。

7.1.4 治理成效

通过该项目的边坡整治、水系连通，可以改善当地地貌景观。经人工混播草种、围栏封育，可让植被重建，改善矿区治理范围内的生态系统功能，起到生态安全屏障作用，使当地恢复水源涵养、水土保持的能力得到提高，为建设“高寒高原矿山生态地质公园”奠定基础。同时，该矿山地质环境治理区位于少数民族地区，区内以牧业为主，通过治理，合理规划放牧范围，协调生态环境保护区与牧业区两者关系，在限牧区和禁牧区生态功能恢复的前提下，为放牧区创造一个良好的生态环境，从而提高土地使用价值，促进当地牧业的发展，促进少数民族地区的社会稳定，确保青海省“生态立省战略”的有效实施。

该项目完成后，将重建草场近 1.5 万亩，经围栏护养土地恢复牧草生产能力后，可使牧民年增加 2 000 万元的毛收入，提高区内牧民经济收入和生活水平。同时，在建立高寒高原生态矿山公园后，预期可为当地带来良好的经济效益。该项目在“透明地球”和“数字地球”建设理念指导

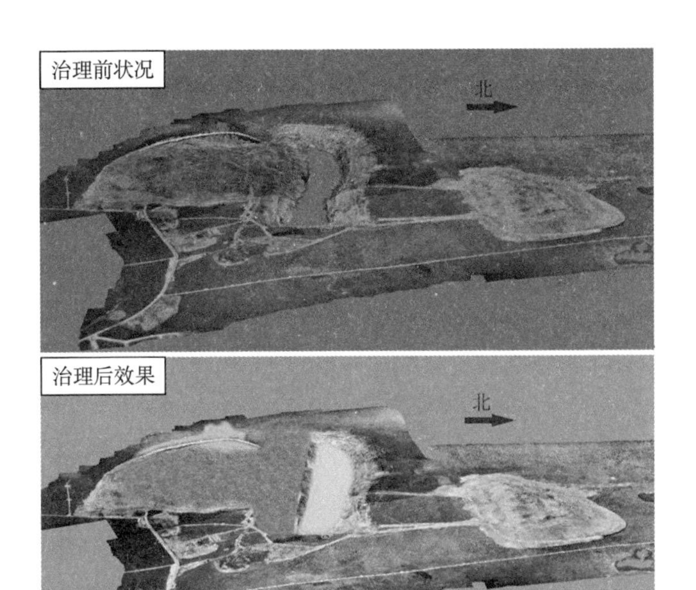

图7－6 木里矿区江仓5号井采坑治理前后三维对比图

下，实现了“美丽地球”建设的最终目标，是“三个地球”建设的有机统一，更是习近平总书记提出的“绿水青山就是金山银山”理论和“山水林田湖草”生命共同体绿色生态理念的生动实践。

7.2

河北邯郸地区中深层地热能勘查与开发利用

7.2.1 实施背景

中国地热资源分布广泛、储量丰富，开发利用潜力大，但资源探明率和利用程度较低。2017 年，国家发展改革委、国家能源局、国土资源部发布了《地热能开发利用“十三五”规划》。同年 4 月，国家能源局牵头起草了《关于促进可再生能源供热的意见（征求意见稿）》，把地热能的开发利用放在了首位，“地热”的重要性正在逐渐被社会各界所认识。国家能源局要求，以点带面抓好重点地区和重点项目的建设，在经济发达、环境约束较高的京津冀地区及周边地区推动中深层地热供暖，以替代燃煤。在具备地热供暖的条件时，尽可能不使用天然气供暖。

近年来，我国北方大部分地区，尤其是京津冀地区，出现了长时间大范围的雾霾天气（图 7 – 7），燃煤取暖导致北方地区冬季雾霾加重。全力推动北方地区冬季清洁取暖刻不容缓，地热能供热可以减少大规模燃煤集中供暖，减轻天然气供暖造成的保供和价格的双重压力，减轻冬天北方雾霾的恶劣天气，无疑是目前冬季清洁取暖的良好解决方案。因此，开展清洁能源供暖新技术研究，对减少污染物排放量和保护环境具有十分重要的意义。

但是，传统的中深层地热供暖（水热型）面临着回灌难题——100% 回灌是水热型地热利用可持续发展的先决条件。然而，在很多地层上，尤其是砂岩地层，要实现 100% 回灌是个较大的难题。回灌技术受制于地层条件，在不能实现回灌的前提下，开展水热型中深层供暖对地下水资源将造成难以恢复的破坏。在一些地区，中深层地热供暖（水热型）也面临着地热井水量小、干孔的情况，在地下水高矿化度地区还面临着地热井结构腐蚀难题等。

图7－7 2016年12月17日，北京天坛祈年殿在雾霾笼罩下若隐若现①

目前，华北平原地下水超采严重，已成为世界最大的地下水“漏斗区”（图7－8）。一项研究结果表明，包括浅层漏斗和深层漏斗在内的华北平原复合地下水漏斗面积已达73 288km^2，占总面积的52.6%。因此，保护地下水资源已刻不容缓。

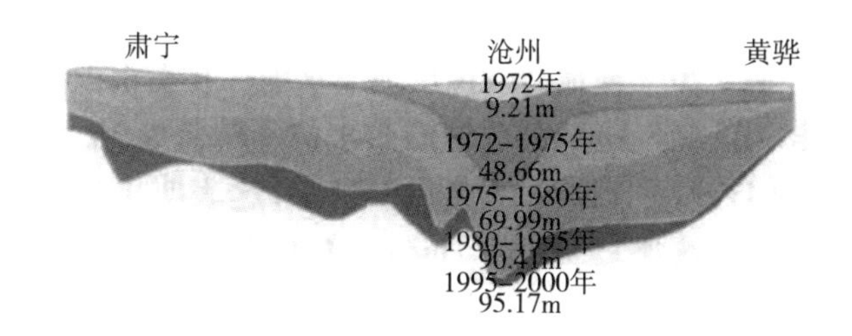

图7－8 沧州地下水位漏斗区1972—2000年累计地下水降深示意图②

为解决传统地热能开采中存在的问题，更好地保护生态环境，保护地下水资源，“取热不取水”是实现地热能资源绿色环保利用的关键技术。2019年11月，中国煤炭地质总局水文地质局中深层地热“取热不取水”技术成果发布会在邯郸召开，该项目是河北省重点示范工程。本次发布会

① 图片来源：新华网，2016。
② 图片来源：何庆成等，2006。

宣布了该技术在河北工程大学新校区换热试验中取得的重大成果：一是首次成功钻探了我国第一眼大口径长距离地热 U 形对接井，在我国中深层地热“取热不取水”开发利用技术上取得重大突破；二是在不扰动地下热水系统的前提下实现保护性开采、提高地热供暖换热量方面取得一系列科研成果，达到国内及国际先进水平；三是该成果引领了我国地热供暖技术的创新发展，可作为中深层地热“取热不取水”技术重要的示范基地，在全国范围内广泛推广应用。

7.2.2 关键技术

“取热不取水”地热能利用的主要关键技术包括：①地热井的集成勘查技术；②精准定向钻探与对接技术；③新型高导热材料与绝热的中心管技术；④高效的闭式单井和 U 形对接井的集成换热关键技术；⑤U 形闭式井换热的数值模拟评价技术；⑥地温场及地面换热动态监测技术。

7.2.2.1 单井换热技术原理

单井换热技术指在深井中通过同轴套管进行单井内部流体循环，基于热传导的方式与地层进行热交换，从而以“取热不取水”的形式开发地热能的技术（图 7－9）。

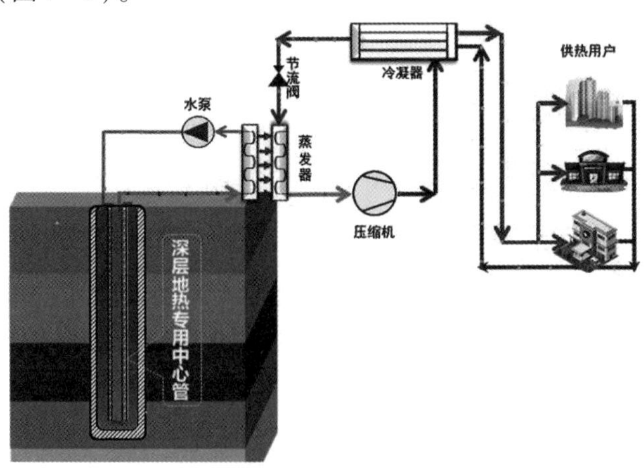

图 7－9 单井中心管换热技术示意图

其过程为向中高温岩层钻进一定深度（约2 500 ~ 3 000m）的地热井，下入套管，采用新型高导热材料进行固井，然后在井内安装绝热中心管，建立井内换热系统。在换热过程中，通过地面设施将低温水从环状间隙向井下流动，与周边土壤及岩层进行充分换热后变成热水，到达底部后从中心管向上运移。热水回到地面后，作为热源进入高温热泵机组，通过高温热泵机组的提升，达到建筑物采暖所需的供水温度，实现稳定地向建筑物供暖的目的。

7.2.2.2 U形对接井换热技术原理

U形对接井换热是基于热传导换热方式，通过U形井内部流体循环，实现“取热不取水”的目的。

其过程为向岩层中钻进一对U形对接井（垂直深度约2 000 ~ 3 000m，水平段长度大于300m），采用套管固井工艺封闭地热井，建立井内换热系统。低温水从注入井向井下流动，在沿直井段和水平井段流动过程中，吸收周边土壤及岩层的热量后，使水的温度升高，再从另一眼井向上流出换热器。利用中深层地热井内换热器加热循环出来的热水作为热源，进入高温热泵机组，通过高温热泵机组的提升，达到建筑物采暖所需的供水温度，实现稳定地向建筑物供暖的目的（汪集旸等，2020）。U形对接井比单井换热效率高，但是钻探施工难度大（图7 – 10）。

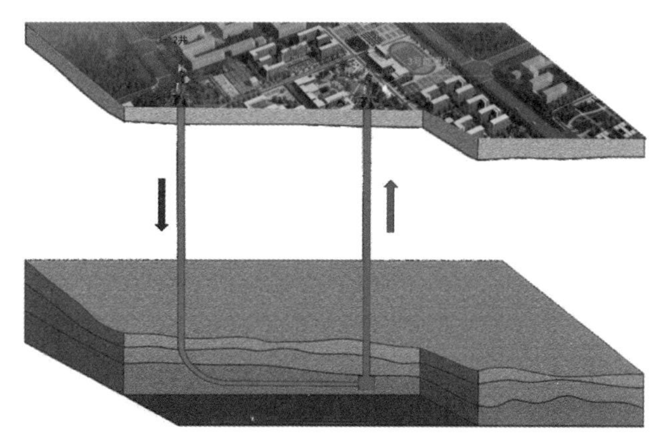

图7 – 10 U形对接示意图

采用中深层地热闭式井下换热系统+地源热泵系统供暖技术将成为地热利用可持续发展的重要途径。该技术具有以下优势：①只取热不取水，能最大程度保护地热水资源；无废气、废液、废渣等任何污染排放。②不受气象条件、地热水资源量的限制；地热井占地面积小。③中深层地热资源储量巨大，可再生性强；地热井寿命长，无须维护。④与采用电锅炉、发热电缆、燃气或燃煤等供暖方式相比较，中深层地热供暖运行成本最低。

7.2.3 成果应用

中国煤炭地质总局水文地质局在华北地区的河北省邯郸市开展了中深层“取热不取水”技术研究与成果应用（图7－11）。2017年，施工完成一眼1 570m的地热试验井（图7－12），建立了井下换热系统、地源热泵热交换系统及分布式光纤测温系统。根据试验结果预测，井深2 500m时可获得单井换热功率600kW，实现的供暖面积可达1.5万m^2左右。2019年，在河北工程大学新校区开展中深层地热2 500m单井与U形对接井科研攻关并顺利完成，在闭式单井和U形对接井的集成换热技术上取得关键性突破。

“取热不取水”技术全面应用于河北工程大学新校区3号能源站，采用中深层地热“取热不取水”技术进行供暖，供暖面积预计达28万m^2，是目前国内应用“取热不取水”技术供暖面积单体最大工程，将成为我国开发利用中深层地热能的标杆性工程。3号能源站利用“取热不取水”技术供暖，与传统燃煤锅炉相比，每年可减排二氧化碳2.19万t、减排二氧化硫71.2t、减排氮氧化物62.6t，减排粉尘83.4t；与燃气锅炉相比，每年可减排二氧化碳0.88万t、减排二氧化硫0.97t、减排氮氧化物4.1t，减排粉尘1.6t，能够有效缓解温室效应。在民用建筑及公共建筑的建设中，中深层地热能应用技术具有改变大气环境的实际功效。

该技术将立足华北地区的地热能地质特征，以目前的邯郸地区为起点，辐射京津冀和雄安新区，为我国供暖方式带来变革，对我国绿色清洁能源的发展将起到重要的促进作用。该成果获得专利授权6项，获中国煤炭地质总局科学技术奖一等奖。

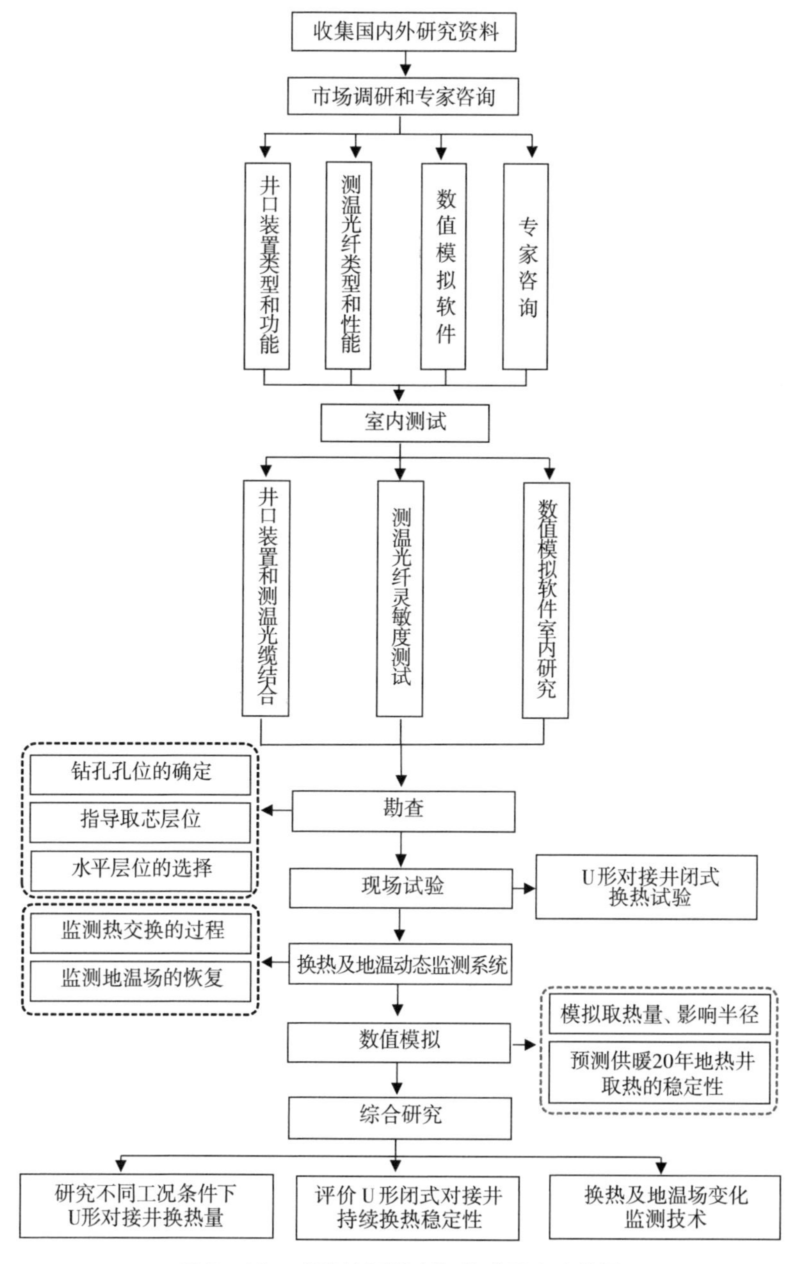

图7－11 “取热不取水”技术研究路线图

图 7－12　河北工程大学地热井施工现场

该成果实现了地热取热方式的根本性转变，利用外部水流介质在全封闭金属套管中循环获取岩层地热能，在不扰动地下热水系统的前提下获取岩层地热，拥有占地少、节能环保、投资收益率高等优势。采用中深层地热闭式井下换热系统＋地源热泵系统为用户供暖是地热能利用的一项革命性技术，对促进能源转型、解决冬季取暖防治雾霾、保护地下水资源等重大问题、提升北方城市环境质量具有重大现实意义，可为“美丽地球”建设做出应有贡献。同时，基于“数字地球”建设的智慧节能控制系统在项目能源站建设有集控中心，可实时、智能监控和调整各个能源站与生活热水配套站的设备运行。

7.3

煤炭矿山采动空间注浆治理技术

7.3.1 实施背景

地勘单位在当前业务转型升级过程中的一个主要方向是工业固体废弃物的综合利用。根据生态环境部发布的《2019年全国大、中城市固体废物污染环境防治年报》，2018年，200个大中城市一般工业固体废物产生量达15.5亿t，较2017年产量同比增长18.32%。以煤矸石的大宗综合利用为例，煤矸石发电、煤矸石建材及制品、复垦回填以及煤矸石山无害化处理等是其主攻方向，发展高科技含量、高附加值的煤矸石综合利用技术和产品是行业发展的必然（赵娜，2019）。

煤炭资源在开采过程中会产生煤矸石、矿井水等大量的固体废弃物，还会导致地表沉陷等一系列问题，这些均对生态环境产生威胁，也会诱发地质灾害。通过研究基于固废充填材料力学特性的充填浆液制备技术，以及煤矿井下采动前后的地下空间发展变化规律，形成了固废注浆充填减沉、防冲、保水一体化技术。该技术从防治采煤沉陷的角度，把控采煤过程中的覆岩运动规律，采用离层高压注浆的手段，在离层中充填粉煤灰、煤矸石等煤基固废，保护上覆关键层不破断，从而能够起到"减沉、增载、保水、防冲、除废"五大功能，在释放"三下"煤炭资源、保护地表建筑物方面取得了较好的效果。

7.3.2 关键技术

地下煤层开采后，会在煤层上覆岩层中形成上三带：冒落带、裂隙带和弯曲带。在弯曲带内部软硬岩石之间，且上位岩层抗弯刚度大于下位岩层时，往往会出现离层。离层的发育会经历始动期、扩展期和闭合期三个阶段（图7－13）。

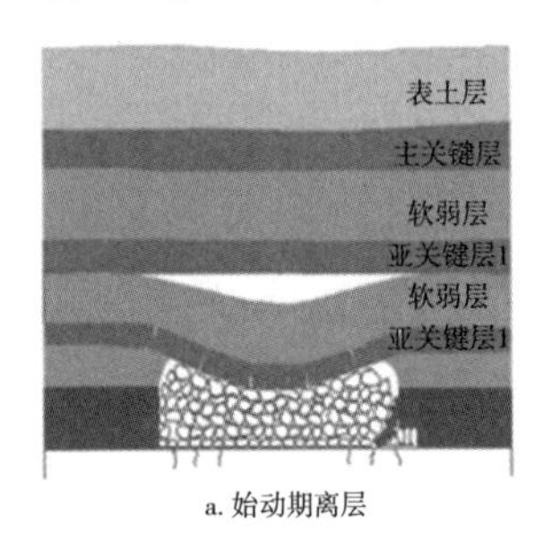

a. 始动期离层

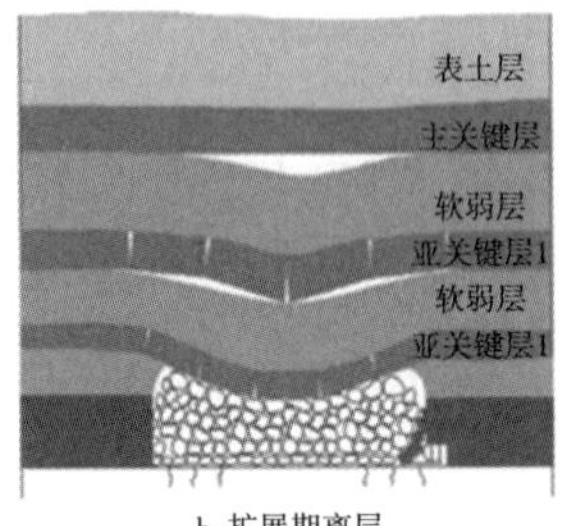

b. 扩展期离层

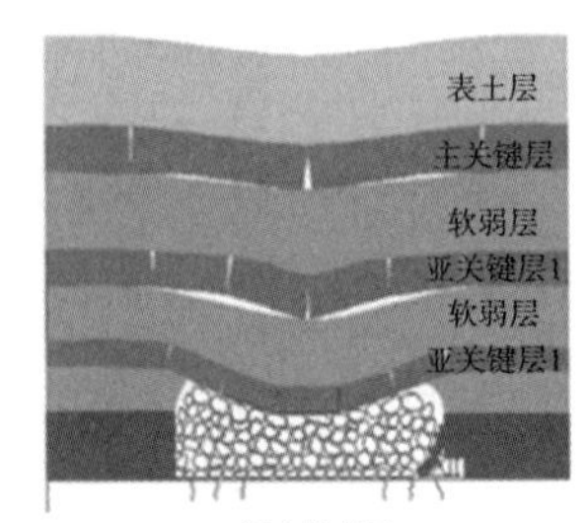

c. 闭合期离层

图7－13　始动期离层、扩展期离层、闭合期离层

离层上部的硬岩层在覆岩移动中起主要控制作用，称之为关键层。若对其上部直至地表的全部岩层起控制作用，则称之为主关键层；若厚硬岩层只对其上局部岩层起控制作用，称之为亚关键层。

利用煤层开采后上覆岩层移动过程中形成的离层空间，从地表使用压力泵将煤矸石、粉煤灰、水泥或者混合物的浆液通过钻孔利用管路注入关键层下离层内，浆液会沉淀压实，形成压实固结体，从而对关键层起到有效支撑作用，形成“离层区充填体（压实区）＋煤柱＋关键层”的承载体，保证上部岩层及地面不发生破坏与变形。

离层注浆后，会形成三方面的效应：一是高压浆体对离层上部岩层起到顶托作用，有效阻止其上部岩层的下沉；二是承压浆液沿离层扩散，离层缝边缘将被撑开而扩大离层空间；三是承压浆液对离层下部岩层施加压应力，使下部因煤层采空产生的垮落带和裂隙带被压实（图7－14）。

与传统离层注浆技术相比，新型覆岩离层注浆技术具有以下明显优点：①浆体浓度高，一般不低于70%；②注浆压力大，从而既保证浆体充填与运移效果，又有效支撑上部地层；③提前成孔，利用水压变化判断离层形成，抓住有利注浆时机；④泵流量大，且可无级变速，钻探技术发展有效突破环境和地层的制约，优质添加剂可以有效控制浆体凝固时间。

本技术将固废处理、“三下”煤炭资源释放与生态环境治理进行有机

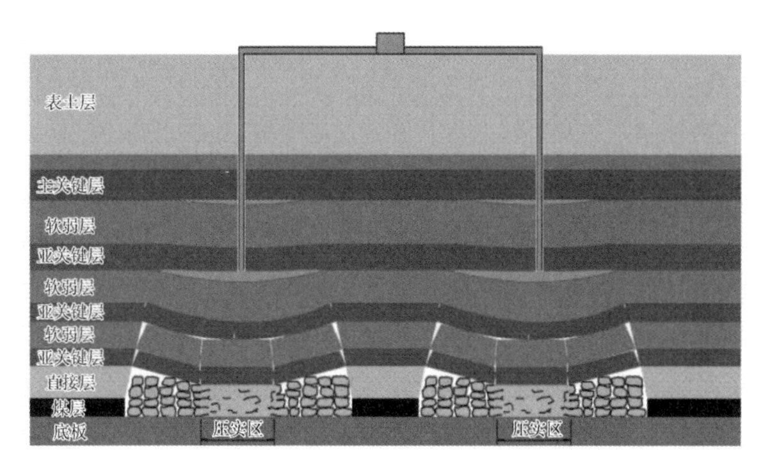

图7－14　覆岩离层注浆技术原理示意图

融合，利用地下空间进行固废充填，同时利用“充填压实体＋保护煤柱＋覆岩关键层”的稳定框架结构，保护上部地层及含水层，有效阻截水源破坏、冲击地压及地面变形，达到固废处理、环境治理（地表减沉、含水层保护、防治冲击地压、增强老空区地基承载力）、资源释放等多重目的。

本技术基于大量工程实践，对原有的离层制浆、输浆、注浆设备及施工工艺进行了改良优化，从而满足高压、大流量、高效、低成本注浆要求。同时，提出了利用离层空间及相关的采空空间进行固废无害化、规模化处置的思路。

7.3.3　成果应用

内蒙古自治区某些地区生态环境脆弱，300多家煤矿年产煤矸石约5亿t，发电、建材、铺路等地面处置方法用量小，且受政策限制，因此，煤矸石处理成为制约当地煤矿可持续发展的首要问题，迫切需要寻求低成本、可永续的地下无害化处理技术。针对这种情况，可利用开采工作面进行煤矸石地下处置，同时释放铁路下压覆煤炭资源。山西属于煤矿大省，但由于开采时间较长，大量煤矿逐渐进入资源枯期；与此同时，建筑物（构筑物）、铁路下压覆了大量煤炭资源，却无法进行开采。为了合理开采压覆煤炭资源，利用采动覆岩离层技术，在潞安集团相关煤矿开展了工程实践，提前干预覆岩活动状态，人为形成覆岩结构与充填压实承载区，进而控制地面沉陷过程，实现不迁村采煤。

中国煤炭地质总局勘查研究总院利用该技术在山西、内蒙古等地承担实施了“建筑物下压煤释放和上覆建筑物保护”“公路下压煤释放和公路保护工程”等治理工程（图 7 – 15），均于 2019 年上半年全部完成。据统计，项目完成后，可分别释放建筑物下煤炭资源 37 万 t，公路下煤炭资源 224 万 t，产生了可观的经济效益。同时，经过 10 个月的地面连续观测，倾斜、曲率和水平变形值都达到“三下”采煤一级保护标准，公路的完整性也得到有效保护。该技术具有良好的减缓上覆岩层沉降、增加上覆岩层承载能力的作用，这对采煤沉陷预防与治理具有重要意义。

图 7 – 15　覆岩离层注浆施工现场

在这两个应用项目中，主要采用了电厂粉煤灰与矿井水制成浆液注入工作面上覆岩层的离层空间中的技术，解决了煤基固废和矿井水的处理问题，这也是煤矿生态文明建设和绿色矿山建设的重要内容，是践行“美丽地球”建设，修复人类活动与自然协调发展关系的有效途径。目前，该技术已在内蒙古、山西、陕西、河南等地进行推广。

7.4

陕西杨伙盘煤矿“智慧矿山”数字化建设

7.4.1 实施背景

榆林市杨伙盘煤矿“智慧矿山”系统工程面向矿山信息化管理，紧跟国家矿山建设“两化融合”技术导向和发展趋势，基于“智慧矿山”的总体结构模式，通过对煤矿原有系统的集成及部分系统改造升级与新建，形成了统一的数据管理平台和“智慧矿山”综合监管平台，将杨伙盘煤矿建设成为了一个自动化、信息化、安全、高产高效、管控一体的现代化矿

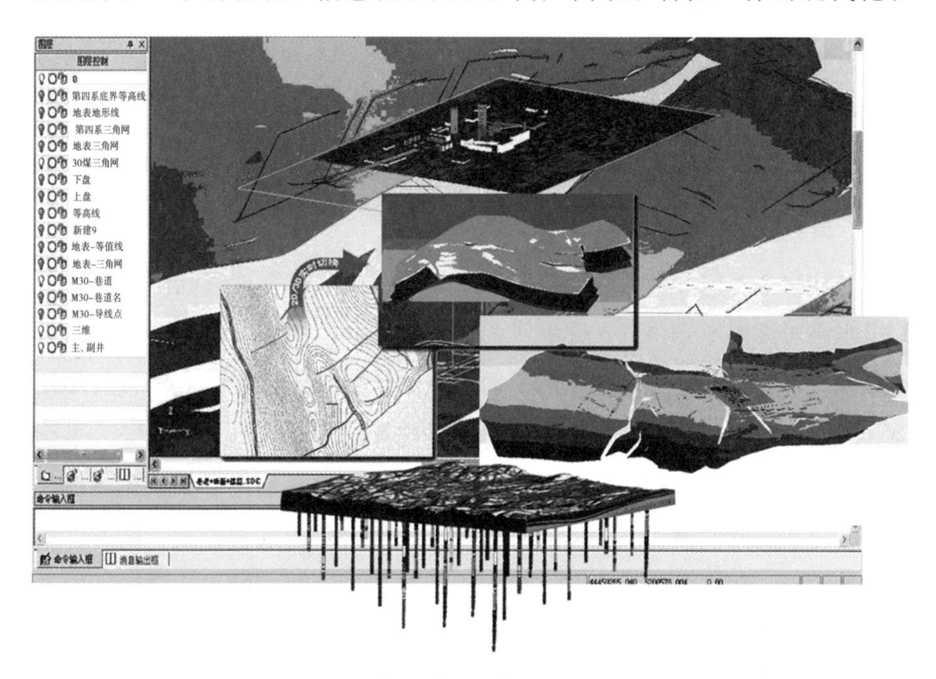

图 7－16　杨伙盘煤矿“智慧矿山”系统工作界面

井，从根本上提升了矿山生产安全和管理的信息化水平。图 7－16 是典型的“数字矿山”与“智慧矿山”的实例，也是“数字地球”建设理念的体现。项目整体由中煤航测集团组织实施完成，成果获“中国地理信息产业优秀工程金奖”和“煤炭工业两化深度融合示范项目”等荣誉。

7.4.2 系统主要内容

该项目共包含 5 个大类、30 个子系统的建设，主要包括工业以太环网、安全监测监控、车辆定位、人员定位系统、无线通信系统、智慧矿山综合管理平台、储量矿图通风和安全新建等子系统，对三维地理信息系统、巷道全景漫游系统、部分子系统手机 App 等功能模块进行了开发。对于该项目的重点内容，介绍如下。

7.4.2.1 地理信息数据更新

地理信息数据更新包括无人机倾斜摄影及三维地理信息系统软件数据及功能升级等工作。通过矿区无人机航拍，获取了矿权范围高分辨率影像，构建了地面实景三维模型。把无人机获取的影像数据加载到三维地理信息系统中进行数据升级，同时对系统功能进一步完善。主要体现在显示效果优化，漫游浏览速度改善，增加了井上井下对照、填挖方量计算等功能。

7.4.2.2 自动化无人值守系统建设

自动化无人值守系统建设主要有施工完成主风机远程控制系统、井下 3－1水泵房无人值守系统、井下供配电远程联动控制系统、井下主运输远程联动控制系统。通过改造风门、增加控制软件，实现了风机远程启停控制，且在调度中心、控制室和风机房现场均可控，在确保主风机安全运行的前提下实现了减员增效的目的。增加小型真空泵、启停开关、PLC 控制器等，将所有闸阀改为电控方式，实现了水泵启停的远程控制。同时，增加管路流量、压力等监测设备，最终实现了井下水泵房的无人值守。对井下3－1变电所的高、低压开关改造后，使其具有 RS485 和 RS232 双通信接口，实现了对开关的遥测、遥调、遥信与遥控，进而实现了井下变电室的无人值守。完成了5套胶带机的远程和就地控制，并可进行数据信号的远程遥测，实现了在矿调度室对胶带机的一键启停。在101主皮带安设了一部激光皮带秤，用于计量井下采煤总量。

7.4.2.3 安全监测补充

安全监测补充实施了压风自救系统与供水施救系统的在线监测，改建了网络视频监控系统。在压风自救和供水施救管路上增加了压力、流量传感器，在空压机房配置了PLC控制柜，实现了压风自救系统与供水施救系统的在线监测。安装网络摄像头52个，实现了基于流媒体的网络视频监控系统，可对井上井下所有生产系统的工业视频进行统一调取，可通过互联网在调度中心电视、PC端内网、PC端外网、手机移动端等终端进行快速访问。

7.4.2.4 安全和生产智能管理

安全和生产智能管理实施了井下指挥中心网络应用系统、矿井安全生产“一张图”管理系统、安全生产三维管控系统、大数据云服务系统等，实现了杨伙盘煤矿安全生产管理的信息化、智能化的井下指挥中心网络应用系统。

在井下指挥中心，配备KJD127（B）矿用隔爆兼本安型计算机2台和无线WiFi基站2台，连接互联网，井下值班领导可通过计算机访问“智慧矿山”综合平台，进行生产管理。生产管理人员可利用计算机访问安全管理系统等，进行隐患排查录入、处理。配备防爆手机的工作人员可在井下指挥中心使用无线网络访问“智慧矿山”平台，查看生产安全情况。通过矿井安全生产“一张图”管理系统，工作人员可在统一的采工图中集中实现采掘工程、机电、运输、通风、井下设备、工业电视、监测监控、人员定位、通信联络等各种信息的管理和监测。同时，可以在线编辑修改、打印输出，实现了基于全矿井一张图空间位置的图件管理系统。

安全生产三维管控系统基于真实空间坐标，以三维虚拟仿真结合数据管理的方式全面模拟矿山生产过程，通过三维可视化管控实现矿山的科学决策与现代化管理，保障安全生产，全面提高经济效益。

大数据云服务系统基于云服务平台（图7－17），实现了煤矿生产安全数据的共享，以及各类设备状态、生产数据的智能分析、自动决策，具备领导驾驶舱、业务数据分析、综合预警分析、安全动态诊断、经营状况评价等功能，同时开发了大屏展示界面。该系统可显著提高煤矿安全生产管理水平，提升生产效率，节约生产成本。

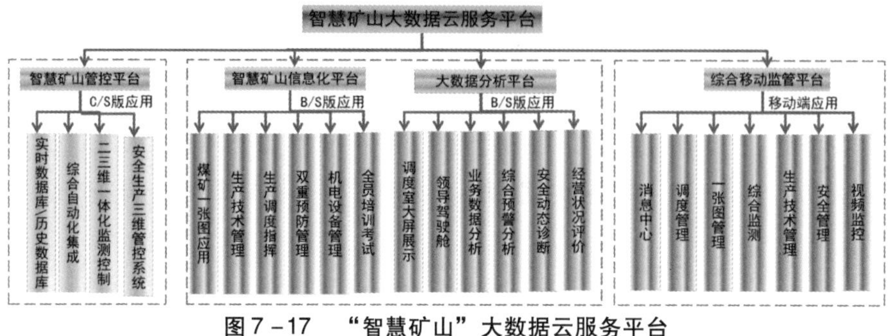

图7－17　“智慧矿山”大数据云服务平台

7.4.2.5　矿区环境遥感监测

主要实施了DInSAR矿区地表沉降监测及矿区环境遥感监测。

对井田范围内“42景Sentinel－1A”数据采用双轨法进行两两差分干涉处理和相位解缠，进而转换成地表沉降结果，监测矿区内的沉降范围与沉降幅度，为“绿色矿山”建设提供数据支持。利用Landsat 7、Landsat 8卫星影像和无人机航拍影像对矿区生态环境因子（如植被覆盖、土地利用、土壤侵蚀等）进行动态变化监测，为“绿色矿山”建设提供建议。

7.4.3　成果应用

项目进行了基础网络传输系统建设，并对原有监测、监控系统进行改造提升，新建了部分生产辅助系统，开发了矿区安全生产业务应用系统，搭建了“智慧矿山”三维综合集成平台，实现了所有子系统的接入及统一界面管理。项目以“无人值守”“基于三维的可视化管理”“智慧矿山云服务”为建设目标，主要从地理信息数据更新、自动化远程控制、安全监控补充、安全和生产智能管理、矿区环境遥感监测五个方面实施了 14 项工作内容，实现了装备自动化、管理信息化、控制智能化及减人提效，保障安全生产，并通过遥感监测为“绿色矿山”建设提供数据支持。

该项目以多项“透明地球”建设技术为依托，综合应用物联网技术、大数据分析等“数字地球”建设手段，改造生产安全环节的监测、控制自动化能力，建设矿山安全生产综合服务系统，实现矿山的智能感知、智慧分析，服务于矿山运行各个阶段，从根本上提升矿山生产安全和生产管理的信息化水平，为矿产资源的有序开发利用和矿山安全生产、抢险救灾提供技术支撑。同时，通过智能感知矿山灾害征兆，智慧分析实现各种灾害事故的预警预报；智能感知矿工周围安全环境，智慧分析实现主动式安全保障；智能感知矿山设备工作健康状况，智慧分析进行预知维修，实现“数字地球”“美丽地球”建设的最终目标。

7.5

江苏金坛盐矿废弃矿山空间勘查与利用

7.5.1 实施背景

随着国家经济的高速发展，对能源需求的日益增长和对环境问题的越发重视，开发清洁能源是改善能源结构、保障能源安全、推进生态文明建设的重要任务。天然气是现阶段的主要清洁能源，然而，在当前，其储备与调峰需求也愈加严峻。

地下储气库是一种建立在地下、用于储存天然气的储气设施，在我国地下空间利用领域占有重要地位，其储气量大，安全系数高，将在中国的油气消费、油气安全领域发挥重要的作用。2014 年，国家发展改革委印发了《关于加快推进储气设施建设的指导意见》，要求加快在建项目施工进度，鼓励各种所有制经济参与储气设施投资建设和运营，同时将在融资、用地、核准和价格等方面给予支持。我国地下储气库建库目标将从目前的调峰型向战略储备型延伸及发展。

盐穴地下储气库作为地下储气库的一种，已在欧美天然气利用较发达的国家普遍采用。而我国盐穴储气库建设起步较晚，金坛盐穴地下储气库是我国首次利用地下盐岩层建设的地下储气库，在保证管道季节调峰、事故应急、管道计划内维护和维修、合理储备、用户外提等方面将发挥重要作用。同时，利用废弃矿井地下空间资源建设储气库，既可以节约土地资源、减少环境污染，又解决了关闭矿山资源再利用的问题。

江苏金坛盐矿是一个采卤近 30 年的老盐矿，目前有各类采盐井 40 多口，已形成一定数量的废弃采卤溶胶。江苏煤炭地质局承担实施了金坛地区多口盐穴储气库井钻井施工项目，2020 年 9 月又承担了江苏省常州市“盐穴空气储能国家试验示范项目钻井工程”的具体施工工程（图 7 – 18）。

图 7 – 18　“盐穴空气储能国家试验示范项目钻井工程”开工仪式

金坛盐穴储气库作为亚洲第一个盐穴储气库，已于 2010 年投入运行，用于储气的溶腔已有 19 个，库容 3 亿 m^3，可调用工作气量达 1.8 亿 m^3。未来，随着我国天然气工业的不断发展，将会有更多的盐穴地下储气库建成并投入运行，在我国天然气储备与调峰中发挥重要作用。

7.5.2　关键技术

江苏煤炭地质局已完成多口垂直盐穴储气库井钻井施工项目（图 7 – 19），并于 2016 年完成大口径 S 形丛式盐穴储气库井钻井工程项目(图 7 – 20)。通过对“大口径 S 形盐穴储气库井施工工艺技术”课题的研究，该局重点从大口径 S 形丛式盐穴储气库井钻井、提高超硬玄武岩地层钻进效率、大口径 S 形丛式盐穴储气库井井身质量控制及防固井憋堵的洗井等技术进行技术攻关，总结出一套完整的大口径 S 形盐穴储气库井成井的施工工艺技术体系，填补了国内大口径定向钻井工艺在储气库钻井施工中的空白。

江苏煤炭地质局通过金坛地区的盐穴施工，在盐穴储气库井施工过程

图7－19　盐穴储气库垂直钻井示意图

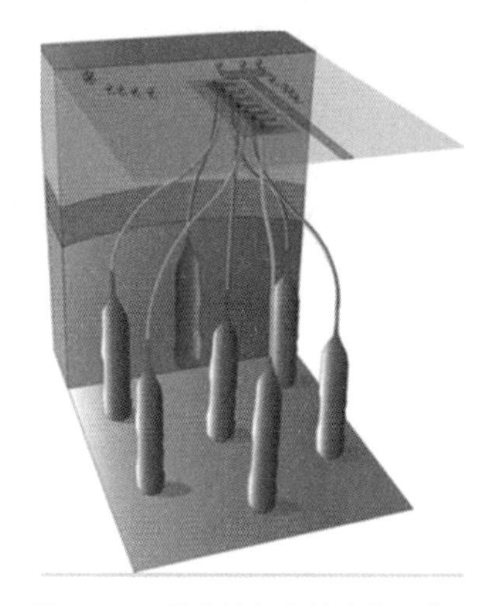

图7－20　盐穴储气库丛式井示意图

中，引入了负脉冲无线随钻跟踪技术、增大无磁钻具水眼，同时打破常规，在玄武岩地层采用PDC钻头加螺杆钻具复合钻进等技术创新，减少粗径钻具，增加钻速，降低泵压，提高钻效，研究攻关了“大口径S形盐穴储气库井施工工艺技术”，重点从大口径S形丛式盐穴储气库井钻井、提高超硬玄武岩地层钻进效率、大口径S形丛式盐穴储气库井井身质量控制及防固井憋堵的洗井等技术上进行攻关，总结出一套完整的大口径S形盐穴储气库井成井的施工工艺技术体系。该项目采用的大口径S形定向井轨迹控制、井身质量、超强抑制防塌泥浆体系配制、固井工艺、扭矩检测、井筒气密封测试等钻井工艺与技术是全国盐腔储气库大口径S形丛式定向井施工先例。

形成的关键技术和解决的技术难题包括：

①大口径定向钻进泵压高降压技术；

②钻进玄武岩地层 PDC 钻头改进技术；

③适合金坛弱固结、强水化地层大口径 S 形丛式盐穴储气库井储钻井液配方及配置工艺；

④解决金坛地区上部弱固结砂泥岩及玄武岩坚硬地层造斜难问题、软硬地层定向施工轨迹控制问题；

⑤满足设计井身轨迹螺杆大小及度数等钻具优选；

⑥解决了金坛地层大口径储气库井洗井难，固井时易发生环空憋堵的问题。

该项研究成果使得建库成本降低、周期缩短、成井质量可靠，属国内首创，为今后我国利用地下空间建造盐穴储气库以及在绿色勘查领域开拓了新篇章。

7.5.3 成果应用

该工程采用大口径 S 形丛式盐穴储气库井钻井工艺，在一个井场布置多口储气库井，节约了大量成本，通过大口径定向技术在不同位置建腔，大大节约了土地占用，对于天然气调峰和储气库建设及运营具有显著的社会与经济效益。工程成功支撑了金坛盐穴地下储气库建设，这也是国家“西气东输”工程输气管道中规模最大的一个储气库，建成后将对长江三角洲地区调峰供气。按照规划，金坛地下储气库规模将达到 10 亿 m^3，年调峰量 6.67 亿 m^3。

整体工程具有寿命长、造价适宜、经济性好的特点，系统储能效率可达 58.2%，在电力的生产、运输和消费等领域具有广泛的应用价值，具有削峰填谷、平衡电力负荷、需求侧电力管理、可再生能源储存、备用电源等多项功能，系统运行过程中实现了零碳排放，可以显著减少大规模弃风弃光，提升新能源消纳能力（图 7－21）。该项目是典型的废弃矿井空间再利用，是在原有资源开发破坏的基础上对资源和环境的再利用，充分体现了“美丽地球”的建设思想。

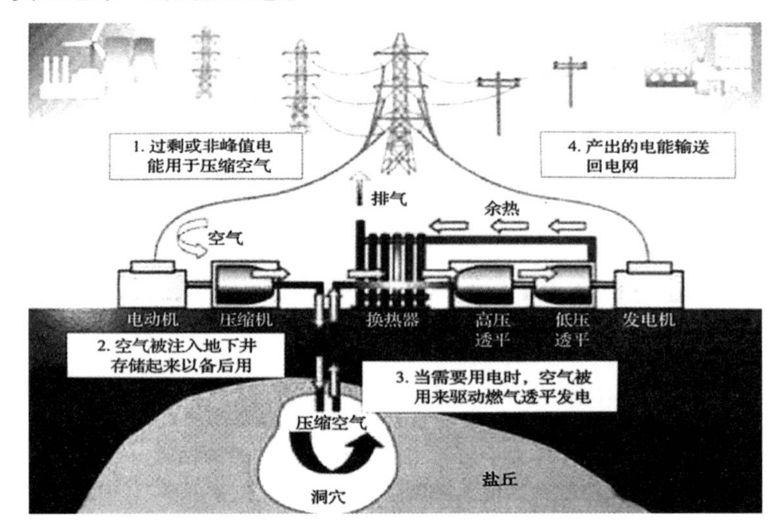

图7－21　盐穴压缩空气储能示意图

7.6

河北邢邯煤田煤层底板注浆改造治理

7.6.1 实施背景

华北地区是我国煤炭资源开发强度最高的地区，也是支撑和供给我国煤炭资源的主要地区，而华北地区主要煤炭资源——石炭系下部奥陶系灰岩（简称奥灰）为巨厚层含水层，水头压力高，裂缝、陷落柱发育，成为困扰我国煤炭开采领域的重要难题和亟待解决的问题（图 7 - 22、图 7 - 23）。长期以来，我国对承压水上采煤所采取的煤层底板注浆加固和含水层改造，从空间尺度上看，均以单工作面进行；从时间尺度上看，均是在工作面形成后实施；从治理目标层来看，主要以煤系薄层灰岩含水层治理为主；从治理场地来看，主要以井下为主。区域超前治理就是从以往的一面一治理扩展到采区、水平或相对独立的水文地质单元进行区域治理。此时，从时间上看，注浆治理移到掘进之前，可实现“先治后掘”。地面区域超前治理是治本，掘前“条带”钻注和采面补强注浆是保障，从而为实现“不掘突水头，不采突水面”探索出一种新的有效途径。

针对煤炭开采过程中的水害威胁问题、水资源浪费问题、大量疏排地下水问题和生态环境保护问题，中煤地质集团大地公司开展了奥陶系灰岩多分支水平井钻进技术研究，通过地面钻井设备沿煤层底板灰岩施工水平井，探查和封堵导水构造和隐伏导水通道，增加底板隔水性能，有效阻止和减少太灰水、奥灰水进入煤层。该技术解决了灰岩多分支水平井钻进、地面水平井高压注浆、堵漏效果评价等技术难题，全面掌握多分支水平井注浆堵漏技术和底板加固技术，可从建井阶段就开始防治底板突水事故，

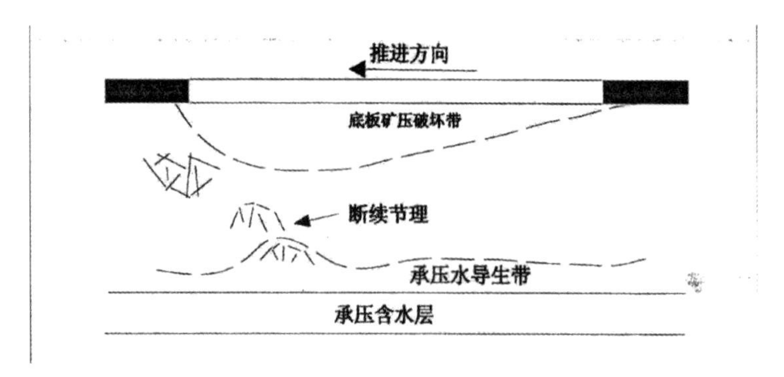

图7－22　煤层底板裂隙型突水示意图

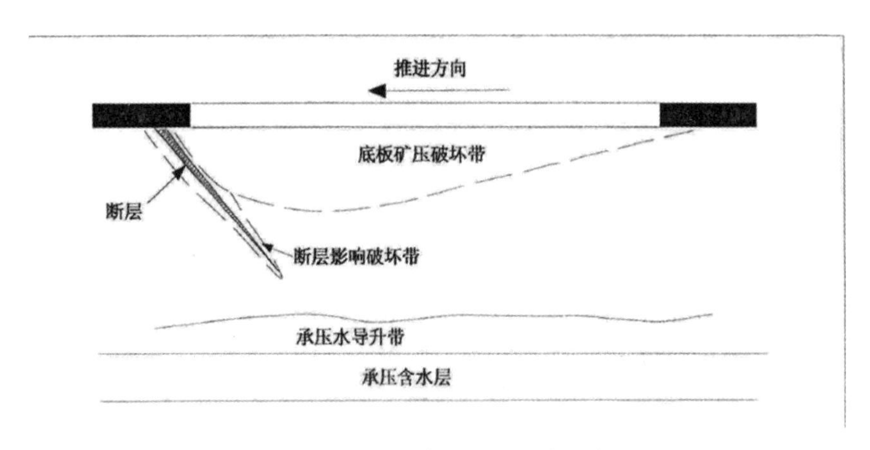

图7－23　煤层底板断层型突水示意图

降低施工风险，保障煤矿生产安全，填补了我国煤矿生产水灾治理相关技术的空白，助推了我国华北型煤矿安全、经济、绿色可持续发展。

7.6.2　关键技术

该技术主要通过电法、三维地震等物探手段预测突水威胁区，利用非顶驱钻机水平钻井技术、复合钻进技术、裂隙发育区和破损带水平井眼轨迹控制和成孔等技术，在煤层顶底板含水地层进行水平钻进，对异常区进行多方位控制和充分揭露，探测溶洞、断层、导水裂隙带等异常含水体，并采用充填浆液控制技术对异常区进行注浆加固改造，加固完成后进行水平取心和高压试验，通过试验研究验证注浆堵漏煤层顶底板加固效果，从而实现有效加固顶底板、隔离奥灰水等直接充水含水层的目的，可提高煤层顶底板的抗压能力和隔水性，提升煤矿企业的安全生产水平，提高煤炭资源的开采回采率，保护地下水资源不受损害，保护自然生产环境不受破坏。该技术已成为国内煤矿水灾治理领域的重要技术，引领了全国煤矿水防治技术的发展，全面提高了我国煤矿水防治水平，潜在经济效益和社会效益巨大。

通过本项目的实施，验证了在地面对奥陶系灰岩上部进行注浆改造是可行的，总结出的奥陶系灰岩中多分支水平井钻进技术、奥陶系灰岩巨厚含水层中导水构造的骨料充填技术，对高承压矿井奥灰突水的防治工作有积极的意义。从奥陶系灰岩导水构造的根部出发对其进行改造，可以达到根治奥灰水害的目的。对工程实施的关键技术，简介如下。

7.6.2.1 非顶驱钻机多分支水平井钻井技术

该技术通过对钻机底座的改造和井底钻具组合的改造实现了非顶驱钻机水平井定向钻进。通过改变井下钻具组合，就可以让井下钻具产生扭矩，并提供动力，即在转盘静止的情况下，通过井下钻具提供的动力就可以实现井眼沿着某个方向进行水平段钻进。

7.6.2.2 奥陶系灰岩中分支水平井钻探技术

该技术首次应用在地面施工垂直孔，进入奥灰后变向为水平多分支孔，进行奥灰上部改造注浆孔。采用 PDC + 螺杆 + 无磁钻杆的钻具组合，达到井斜误差≤0.1°方位误差≤1°工具面误差≤2°的精度，实现了奥灰多分支水平井施工。

7.6.2.3 隐伏导水构造高效探查技术

该技术利用水平分支钻孔的可分支特点，可以灵活地对煤层底板和奥灰含水层异常区进行多方位的控制。它不仅可以直接对异常区进行探查，还可以在其他方向进行确认。

7.6.2.4 含水层构造充填浆液控制技术

该技术通过对钻进过程冲洗液的漏失、掉钻等现象的分析，提出了不同情况的针对措施，最终形成了一套有针对性的充填技术：掉钻时，采用注沙子、石子进行铺底，钻井液漏失量大于 1m³/min；但未掉钻时，采用粉煤灰铺底，钻井液漏失量在 0.5～1m³/min，注早强浆，钻机液漏失量小于0.5 m³/min 时，注水灰比为 1∶1 的单液水泥浆。

7.6.2.5　煤层底板区域治理的判层技术

该项目首次应用伽马判层技术，可对煤层底板地层出现的地层缺失、奥灰陷落柱等复杂地质变化进行有效判断。

7.6.2.6　奥灰系底板注浆钻孔水平取芯

结合本项目实施的奥灰地层水平井取芯的需要，自行研制了新型的水平井取芯装置，对奥灰地层的水平井中的注浆封堵液进行采样，验证评价了注浆堵漏的效果。主要技术实施路线如图 7－24 所示。

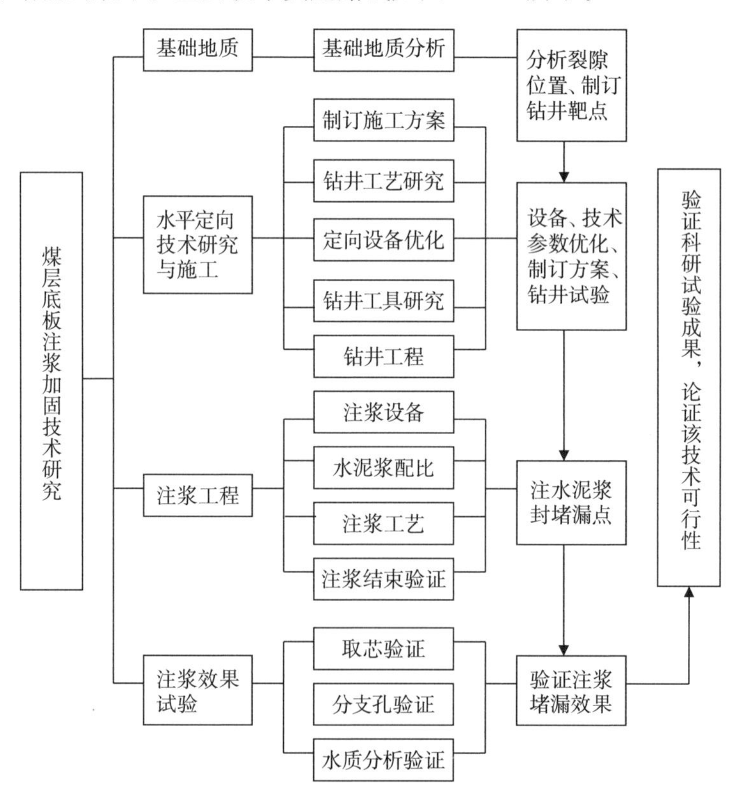

图 7－24　煤层底板注浆加固技术路线图

7.6.3 成果应用

该成果在河北、河南、陕西、安徽等地矿山企业推广应用，为煤炭资源安全开发提供了保障，在冀中能源集团有限责任公司、河南能源化工集团有限公司、淮南矿业（集团）有限责任公司、山东能源集团有限公司等下属20余个矿井广泛开展应用后，为企业创造年产值超2亿元。其中，在河北省、山西省矿井水灾治理技术大会上，该技术成果被作为防治水害的先进理念和管理经验广泛推广。国家安全生产监督管理总局、国家煤矿安全监察局组织召开的全国煤矿水害防治现场会议将该技术的现场实施工程项目作为参观学习工程，来自国家有关部委及各省、自治区、直辖市的煤炭行业主管部门、行业协会、煤炭生产企业的负责人以及国内煤矿水害防治领域的众多专家学者进行了观摩和交流。

该技术作为“灾前预防、灾中抢险、灾后治理”技术体系的重要组成部分，多次参加国际、国内相关展览会。本项目研发的装备和成果的展示不仅提升了企业在本领域的知名度，也确实减少了地下水资源的浪费，保护了生态环境；降低了煤矿开采水灾威胁，提高了煤矿生产安全；解放了受地下水灾害威胁的煤炭资源，提高了回采率，降低了煤炭开采成本。总之，该技术为我国煤矿生产过程中水资源、生态环境保护和煤炭资源集约化开采与煤矿安全生产的矛盾提供了新的解决途径。

该成果获10余项国家专利授权，并先后获得“北京市石景山区科学技术奖”、“中国煤炭地质总局科技进步奖”特等奖、“国家安全生产监督管理总局安全生产科技成果奖”二等奖、“中国煤炭工业协会科学技术奖”二等奖等荣誉。

7.7

贵州省凯里市鱼洞河流域环境综合治理

7.7.1 实施背景

随着我国供给侧结构性改革的不断深入和煤炭去产能政策的实施，截至2018年，煤矿被关闭或整合累计达到11 443处；截至2020年，关闭煤矿数量约达到12 000处；到2030年，关闭煤矿数量将达到15 000处。矿井关闭后，地下水水位回弹，淹没废弃矿坑、巷道与工作面，煤岩层原生矿物组分（如黄铁矿）以及遗留井下的废弃设备、物料、残留污染物极易造成地下水污染，致使地下水硫酸盐、铁锰浓度超标，并有可能造成串层污染，而受污染的矿井水排入地表后会对周边水体及土壤环境造成极大的污染，对周边环境有极大的影响。另外，我国西南、华北、东北等部分地区煤质具有高硫的特点，在煤炭开采过程中会形成大量煤矿酸性水（Acid Coal Mine Drainage，ACMD），甚至在采矿活动停止后，酸性矿井水能持续产生上百年，成为对生态环境破坏最大的污染源之一。

本项目治理区域位于贵州省黔东南苗族侗族自治州西部、清水江上游、苗岭山脉东北麓，是自治州州府凯里市所在地。凯里市鱼洞河流域面积为234 km^2，属长江流域沅江水系重安江一级支流、清水江二级支流。自20世纪80年代以来，河岸上无序的采煤活动使鱼洞河流域生态环境遭到严重破坏，形成了“锈河”的境况，影响区内人口约9.6万人，每年间接损失约16 176.4万元，影响耕地约2 330 hm^2。

鱼洞河流域内分布着100多处无主煤矿，现均已关闭或被废弃，对鱼洞河造成污染的煤矿有 10 多处，废水排放点有 21 处，这些酸性废水 pH 低达 2.8，铁离子含量最高达 800mg/L，年排放量约 4 633 万 m^3，铁、锰及 pH 超标，未经处理的煤矿酸性废水直接排向鱼洞河，导致约 37.6 km 长的河段遭受严重污染，河水变黄，水环境质量达劣Ⅴ类。开展闭坑煤矿区酸性矿山废水的处理技术研究，符合习近平总书记新时代生态文明思想和国家“生态文明建设”的重大需求，对于我国关闭煤矿的生态环境治理与修复具有重大意义，也是推进人与自然和谐、构建“美丽地球”的重要方式。

7.7.2 关键技术

中国煤炭地质总局水文地质局先后开展了鱼洞河流域煤矿酸性废水治理专项可行性研究和具体的治理工程，结合贵州省凯里鱼洞河流域闭坑煤矿酸性矿井水污染现状，通过闭坑煤矿酸性矿井水、矸石堆场淋滤液水质分析评估，选择典型闭坑煤矿和酸性矸石堆场，通过小试和中试试验，研发酸性矿山排水的处理技术与装备，重点形成无/低能耗被动处理技术、化学微生物强化处理技术及碱性可渗透反应墙处理技术，并通过对处理效果的分析，评估矿井水处理技术与装备的可靠性（图 7－25）。

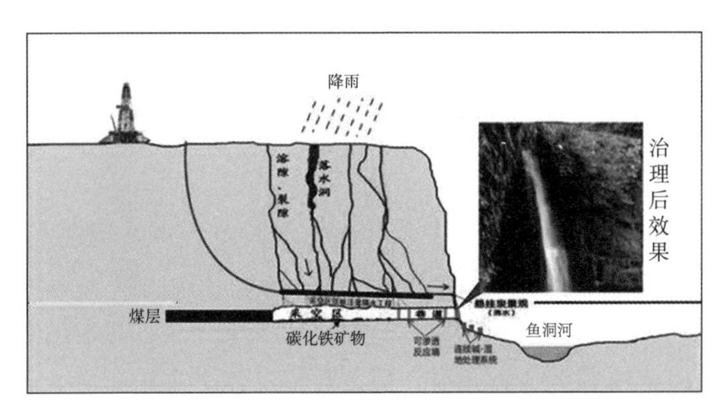

图 7－25　鱼洞河流域生态治理示意图

该项目采用的主要技术包括以下几项。

7.7.2.1　闭坑煤矿酸性矿井水无/低能耗被动处理技术

包括优化核心技术（二价铁离子高效快速氧化）的关键控制参数，合成新型碱性反应材料，提升处理效率。设计用于闭坑煤矿酸性矿山水无/低能耗被动处理技术的系统，主要为设计集成药剂的投加—快速混合—高效氧化反应的一体化系统。优化碱性中和反应材料，完善维护与更换失效碱性中和材料的技术方法，提升系统操控性，提供较为完备的运行与维护方案。

7.7.2.2　微生物强化前处理—人工湿地处理酸性矿井水技术

对受酸性矿井水污染的土壤、水体进行研究，筛选硫酸盐还原菌，富集培养硫酸盐还原菌微生物群落并使之成为优势种类。研发固定膜生物反应系统，利用硫酸盐还原菌进行酸性矿井水前处理，研究其与人工湿地处理技术结合对酸性矿井水处理的效率。

7.7.2.3　采空空间酸性矿井水处理技术研究

研发采空空间可渗透反应墙处理系统，以中试工程试验为依据，建立碱性可渗透反应墙处理模型，综合评估碱性材料、渗滤液产生量、水力停留时间等因素对酸性淋滤液处理效率的影响，获取碱性可渗透反应墙处理系统的关键工艺参数，对碱性可渗透反应墙处理系统进行效能和经济性评估。同时，研发相关工艺和装置，并提供较为完备的运行与维护方案。

7.7.3　成果应用

该项目实施后，水质污染得到基本遏制，主要污染因子监测指标 pH 7 ~ 7.8，铁离子浓度低于 0.3 mg/L，硫酸盐浓度低于 250 mg/L，泉水清澈，达到地下水体 III 类水质标准。该项目实现了由污水处理厂建设到运营的突破，是建设“美丽地球”的具体体现，打破了以前业内认为喀斯特泉污染不可治愈的固有认识，打破了常规建设污水处理厂“占地面积大、建设投资高、运营成本高”的局限。

通过实施区域治理工程，实施源头控制（主动处理），减少地下水对废弃矿井采空区的补给量，封堵地下水进入矿井的通道，该项目达到了从源头上减少污水排放总量的目的。同时，结合煤矿井口处理工程的末端治理，采用井口可渗透反应墙—连续碱—人工湿地处理技术工艺，最终实现酸性废水的达标排放，形成了一套系统的西南喀斯特地区煤矿酸性废水污染治理模式，可有效改善鱼洞河流域水环境现状，恢复流域生态环境，具有良好的环境效益、生态效益、经济效益。

8

愿景与展望

当前，地勘行业面临转型升级的重大关键时期，中国煤炭地质总局提出了建设“透明地球”“数字地球”和“美丽地球”的战略愿景，从地球系统科学、大数据时代、生态文明等角度探讨了“三个地球”的内涵、技术和发展方向。“三个地球”建设理念的提出，契合新时代生态文明建设理论，可以有效指导行业转型发展。新时代，地勘行业应勇于担当，担负起历史责任，保障国家资源与环境的安全，明确自身的愿景与目标。

8.1

承担国家能源安全保障的新使命

我国的能源消费结构以煤、石油、天然气为主导，尤其是煤炭，它仍是一定时期内的主要能源。在新时代，实现化石能源的清洁利用和绿色开发应作为地质勘查工作的主要任务予以加强和完善，同时积极勘查和开发非化石能源，保障减煤政策下的能源补给，国家能源安全保障中新使命的实现离不开“三个地球”建设理念的指导和技术支持。

第一，要加强绿色煤炭资源勘查，提高煤炭清洁利用效率。煤炭以其资源的可靠性、价格的低廉性、燃烧的可洁净性，有力支撑了国民经济和社会长期平稳较快发展。随着我国社会经济的发展，煤炭开采带来的资源和环境问题日益突出，在石油和天然气对外依存度高，非化石能源供给不足，煤炭依然是我国主体能源的背景下，大力推进煤炭清洁高效利用已成为保障能源安全、应对气候变化、实现可持续发展的重要举措和必然选择。然而，煤炭引发的各种社会和环境问题并非煤炭本身的问题，而是没有利用好煤炭。煤炭本身是清洁能源，煤炭行业需要进行自身革命，走清洁化高效利用之路。只有开发和利用好绿色煤炭资源，才能更好地应对气候变化、环境污染等问题。开发绿色煤炭资源是实现煤炭清洁利用最有效、最直接的途径。绿色煤炭资源是指资源禀赋条件适宜、能够实现安全高效开采、生态环境友好、适宜清洁和高效利用、具有经济竞争力的煤炭资源。其内涵考虑了资源本身的质量优劣条件，更考虑了资源在自然界中的实际存在和利用的难易程度，以及开发对环境的影响等开发和利用问题。因此，地勘行业要在“三个地球”建设的指导下，将勘查工作重心转移到提升绿色基础储量和经济可采绿色储量上，加强绿色矿区现有高勘查级别资源量的补充精细勘查以及经济可行性评估。长期而言，勘查工作要有意识地从非绿色矿区收缩退出，逐步转移至绿色矿区，以提升绿色资源勘探和详查比重，加强绿色资源梯级进补。勘查评价绿色整装煤炭基地，同时加强绿色整装煤田快速精准勘查技术的攻关和推广应用。

第二，加大煤系气资源勘查开发力度，补充天然气供给的不足。煤系气是指煤系地层中的煤层气（瓦斯）、页岩气、致密砂岩气等非常规天然气。我国煤系地层分布广、厚度大，多数煤系地层不仅赋存有大量的煤炭资源，还共伴生有丰富的煤系气资源和其他有益元素，其中不少共伴生资源和矿产储量大、品位高，开发潜力巨大。据中国煤炭地质总局初步估算，我国煤系气（煤系非常规天然气）资源量（约 80 万亿 m^3）与常规天然气资源量（90.3 万亿 m^3）相当，若能充分利用这些资源，对于提高我国天然气供给、推进能源清洁利用、发展低碳能源具有重要意义。面对我国石油资源相对贫乏、煤炭生产存在天花板、天然气供给不足、煤矿瓦斯事故仍时有发生的现状，充分发挥煤系气等煤系共伴生资源优势，加快其开发、加工及综合利用水平势在必行，意义重大。

第三，加大非化石能源资源勘查开发力度，保障减煤政策下的能源补给。在国家推动化石能源清洁利用、提高能源领域绿色低碳发展质量及水平的背景下，我国非化石能源发电规模逐渐扩大。但是，非化石能源发展在技术、成本等领域还有许多问题需要解决，如水电受地理、自然条件限制较大，发展空间有限；风力发电、光伏发电受技术、成本与自然因素制约；核电发展的前提依然是要解决安全及技术问题。在“三个地球”技术的指导下，地勘行业可以从地热能、干热岩、陆域天然气水合物等相关行业领域内开展能源勘查开发工作。其中，地热能作为可提供长期基础荷载的能源，具有更加绿色、高效、安全的属性。近年来，地勘单位在干热岩资源勘查和利用方面开展了大量的研究和勘查工作，地热能资源开发利用正以平均每年 12% 的速度增长，但与丰富的地热能资源总量相比，其开发利用尚未达到规模，我国每年开发的地热能还不到年可利用量的 5‰，进一步开发利用和替代燃煤的潜力巨大。干热岩被认为是目前我国非化石能源替代化石能源中最现实可行、最具开发潜力的资源。

8.2

保障“绿水青山”推动生态文明建设的新任务

资源开采造成的环境破坏和地质灾害已经影响到人民生活和社会安定。党的十九大报告中提出了“两步走”新战略，强调到2035年要确保生态环境根本好转，“美丽中国”目标基本实现，资源开采利用的高效化、清洁化、低碳化、智能化逐渐成为主流发展趋势和方向。这些目标的实现需要地勘单位通过开展生态地质相关工作来保障，生态领域的地勘工作不再仅仅局限于生态环境调查、地质灾害治理等单一环节或单一方面的勘查任务，而应融合、贯穿于地质勘查工作的始终，成为地质工作的一项新工作，以构建系统的生态地质工作架构。这需要“三个地球”建设的技术支撑和理念指引。

矿山开采造成的环境破坏触目惊心，威胁人民生命和财产安全。在我国，矿业开发等活动对环境的破坏不在少数，而且目前仍然在发生。矿山开采不但会引起地面沉陷、土地资源破坏、地下水位下降、河湖干涸断流等问题，而且产生的废石堆或尾矿也会占用和破坏土地，产生有毒、有害气体，污染大气和水体。若不妥善治理，将会造成大范围的环境破坏，对人民生命和财产构成威胁，带来巨大的经济损失和社会不良影响。矿区生态环境保护已成为事关社会稳定的头等大事，对矿山地质灾害进行分析并采取有效的防治已迫在眉睫。开展因资源开发活动引起环境破坏的生态环境修复与重塑是地勘工作在新时代的重要工作方向。同时，我国地质灾害频发，地质灾害的防御和治理能力亟需提升。崩塌、滑坡、泥石流、地裂缝、地震等地质灾害具有隐蔽性、突发性和破坏性，预报、预警困难，防范难度大，社会影响面广。我国是世界上地质灾害最严重、受威胁人口最多的国家之一，这些地质灾害对人民生命和财产构成了极大威胁。如何科学规划地质灾害防治工作、加强地质灾害的防治与管理、避免和减少地质灾害给人民生命和财产造成的损失，对维护社会稳定、保障生态环境、促进国民经济和社会可持续发展具有重要意义。

近年来，我们提出应将生态地质勘查工作上升到与资源勘查一样重要的地位，作为新时代地质勘查工作的一项重要任务迅速开展。生态地质勘查工作是指以“地球科学系统”为理论指导，使用多种勘查技术手段，有目的地开展生态环境地质的评估、调查、监测、治理、利用、修复，既包括对以往和当下因采矿等原因造成的环境破坏进行修复与治理，也包括对因人类盲目建设等原因造成的环境破坏进行修复与治理，还包括在地质活动异常区对山体滑坡及诱发形成堰塞湖等灾害进行预测、预报与主动改造等。实现生态环境从被动应对变为主动预防，提前治理，维护人民群众的生命、财产安全和社会安定，构建和谐社会，也是“美丽地球”建设的重要支撑。

8.3

实现“数字中国”建设的新途径

2018 年 4 月，习近平总书记在致首届“数字中国”建设峰会的贺信中强调：“加快‘数字中国’建设，就是要适应我国发展新的历史方位，全面贯彻新发展理念，以信息化培育新动能，用新动能推动新发展，以新发展创造新辉煌。”当前，世界正经历新一轮大发展、大变革、大调整，外部环境的不稳定性、不确定性明显增多，“数字中国”建设面临新的形势与挑战。2020 年，新冠肺炎疫情使企业数字化转型从可选项变为必选项。产业互联网、智慧园区、智能仓储、个性化定制生产等初具规模，为实体经济注入强大新动能。据测算，数字化转型使得相关制造企业成本降低 17.6%，营收增加 22.6%。推动“数字中国”建设，首先要强化基础的数据支撑，“数字地球”作为“三个地球”建设体系的一个重要内容，既是支撑“数字中国”建设的基础内容，也是实现“数字中国”建设的新途径。

大数据时代的到来为“数字地球”研究增加了新的内容，也为“数字中国”建设注入了新的动力。“数字地球”是地球科学、空间科学、信息科学等学科高度融合的交叉领域，“数字地球”和地球大数据是定量化研究地球、深度认识地球、科学分析地球的先进工具。大数据浪潮的演进，人工智能的快速发展，互联网、云计算、区块链等先进技术的不断涌现，正在促进“数字地球”和地球大数据深入发展。基于大数据平台支撑的、具有深度挖掘与交叉分析能力的“数字地球”科学平台，将实现对地球现状与演变的综合分析及其未来发展的系统模拟与预测，是“地球大数据科学工程”的核心应用平台和最终展示系统，也是科学信息辅助政府决策、支持科学发现、服务社会公众的基础平台。应用地球大数据新技术满足人类发展所不可避免的可持续发展要求，为“数字中国”建设注入了新的动力。

建设“数字地球”可支撑“数字中国”建设，推动国内经济高质量发展。中国经济正处于新旧动能转换过程中，数字经济、生物医药、装备制造等新产业、新模式、新业态加速成长。尤其是以大数据、互联网为基础的数字经济发展较快，已成为中国经济增长的新动力。在2020年新冠肺炎疫情防控期间，远程办公、远程诊疗、在线教育、在线娱乐等需求激增，无人配送、智能制造等新兴产业更是展现出强大的韧性和发展活力，而“数字地球”所涉及的遥感探测技术、全球定位技术、地理信息技术等为这些新兴产业提供了基础的数据载体。数字经济正在逐步构建新的产业形态，激发更大的创新活力。加强数字经济建设，赋能国内经济发展，有利于缓冲经济下行压力，从而推动我国经济实现高质量发展。“数字地球”聚焦“数字中国”创新发展，有助于推进数字经济转型，可对“数字中国”和“美丽中国”等国家战略发挥强有力的支撑作用。

8.4

引领地勘行业科技创新的新方向

科技创新是提高社会生产力和综合国力的战略支撑，必须摆在国家发展全局的核心位置。每个行业要想长远发展，也必须实施创新驱动发展战略。近年来针对资源勘查工作量逐年的变化趋势，在生态文明建设对地质勘查工作提出新要求的大环境下，“三个地球”建设体系为地勘行业发展打造了美好愿景，这同时也为行业的科技创新提供了新的领域和方向。进入新时代，以企业为主体的科技创新体系要求必须以行业的核心技术领域为科技攻关方向，以保障企业的快速高质量发展，要围绕“透明地球”“美丽地球”“数字地球”建设，充分发挥科技引领作用。

“三个地球”建设体系特别强调资源、技术、环境相互关系的有机统一，这也正是新时代生态文明建设思想的实践和体现。地勘行业支撑了从中华人民共和国成立以来我国经济发展所需的各类能源、各类矿产的安全保障。进入21世纪以来，人们开始注意到各类资源的共存与共生问题，进而提出了多种矿产的勘查技术体系与理论。随着资源开发利用强度的增大，环境承载能力逐渐超过负荷，在勘查资源的同时，对环境的勘查评估也逐渐被纳入地勘行业的业务范畴。因此，在“三个地球”建设体系的指导下，科学合理、经济与环境协调可持续发展的绿色协同勘查理念成为行业科技创新的新方向。

绿色协同勘查就是在生态环境优先的前提下，综合考虑勘查区的地质特征、资源禀赋、区位环境、市场需求，合理选择环保、高效的精细勘查技术手段，综合开展多目标、多手段的地质与环境协同勘查与综合评价，最大限度地降低对生态环境的扰动，提高地质信息的精度。“生态优先、绿色勘查”是实现资源保障与生态保护双赢过程中探索出的新路子。其所要实现的目标主要有两个：一是通过实施协同勘查，达到多种能源矿产的高精度、高效益、最优化勘查，摸清资源赋存规律和开发地质条件；二是选择不同勘查技术与方法协同开展资源勘查，达到矿产资源可持续、环境友好与勘查效果最佳的目的，从整体上实现多能源矿产勘查理论与技术水平，“三个地球”建设的理念就贯穿于其中。

绿色协同勘查并非狭义地追求“高、精、新”，而是通过转变思路、改变方式，并且依靠科技创新来提升勘查技术的“绿色度”。同时，鼓励针对前沿性勘查技术的研发与转化，综合布置勘查工程，开展多目标、多手段、多维度的“空、天、地”一体化的绿色勘查，实现复杂地质体的透明和可视化解译，保障资源安全和生产安全，为资源的高效利用，降低对环境的影响提供服务。例如，我国北方内蒙古、新疆等地煤系地层中含有丰富的铀、镓等资源，在以往的单目标勘查中，容易造成共伴生资源的遗漏和浪费。此外，对于铀和煤系气等资源来说，若不开展协同勘查和开发，在煤炭开发过程中就可能会造成新的污染。

8.5

探索地勘队伍转型发展的新思路

我国地质勘查队伍规模庞大，涉及煤炭、冶金、化工、核工业、有色、建材、黄金等工业部门，在我国社会主义建设发展过程中，发挥了不可替代的作用，为国民经济的发展做出了巨大的历史贡献。随着我国社会主要矛盾转向人民日益增长的美好生活需要和不平衡不充分的发展之间的矛盾，我国经济社会发展和生态文明建设对地质勘查工作提出了新的要求，地质勘查工作的对象、难度、范围发生了重大变化，地勘队伍在规模分布、体制机制、创新能力等方面存在严重的制约，地质勘查工作面临着新挑战。“三个地球”建设体系的提出，为地勘行业的转型发展提供了新的思路。

推进“透明地球”建设，保障百年未有之大变局下的能源和战略性新兴矿产的自给。能源和矿产资源需求是永恒话题，面对中美贸易战、中东局势动荡，以及我国步入工业化中后期，社会主要矛盾、发展理念和发展方式出现转变，能源矿产供需格局也在发生重大调整。目前，我国能源需要将面临三个方面的竞争压力：一是已探明可采的矿产资源储量难以持续支撑国家新型城镇化、工业化发展所必需的矿产品需求。二是我国对大宗矿产的需求未来将面临来自印度、印度尼西亚、越南等新兴国家的资源竞争。同时，在战略性新兴矿产方面，又将面临来自美国、欧盟、日本等发达国家和地区的资源竞争。三是中美贸易战可能对矿产进出口价格产生影响。中国作为世界大国、全球第二大经济体，事关国家安全的主体能源矿产和急需的大宗矿产必须首先立足国内自给，否则，一旦国际环境发生变化，受制于人，则后果严重。因此，必须加强自主勘查能力建设，通过技术创新实现矿产资源勘查能力的提升。

加强“数字地球”建设，融入大数据时代，发挥地勘队伍在经济高质量发展中的作用。中华人民共和国成立初期，为满足全国找矿勘查，地质勘查队伍在全国各地均有分布，在各工业行业均有分布，如今的地勘队伍仍保留有当初的特征。在几十年勘查工作中，分散、庞大的地勘队伍积累了巨量的各工业行业基础地质勘查数据，这是行业和国家的巨大宝贵财富。在大数据时代，这些宝贵的数据必须要在新的技术手段和方法下焕发新的活力，这是地勘行业转型发展的重要内容，也是“数字地球”建设的数据基础，同时为传统的地勘工作向城市地质、农业地质、旅游地质、海洋地质等各门类的综合性“地质+”工作延伸提供了数据基础。

奉献“美丽地球”建设，推进“绿水青山”发展理念，开展生态地质勘查工作，全面构建系统的生态地质勘查工作架构。资源（尤其是矿产资源）的勘查开发对国民经济建设做出了重要贡献，同时也引发了一系列生态安全问题。其中，我国对煤炭资源的高强度开采引发了生态破坏、环境负效应，这已成为我国生态安全问题的“牛鼻子”，对我国煤炭工业形成了重大冲击和挑战。资源本身并不会带来环境问题，而是由于此前在资源勘查开发利用过程中对生态安全不够重视，对如何在开采过程中及时进行生态保护、修复与治理缺乏科学系统的规划布局，使得高强度的开采造成了严重的生态环境问题。全国煤矿区的生态治理是国家生态环境的保障关键，从某种意义上来讲，解决了煤矿区的生态安全问题，也就解决了我国主要的生态安全问题。青海祁连山木里煤矿区生态环境治理、贵州鱼洞河流域矿区生态环境治理等生态治理工作，有效保障了地方“绿水青山”的建设历程，也为地勘队伍的转型发展提供了新途径。

8.6

支撑我国在国际发展战略中的新作用

“一带一路”倡议、“人类命运共同体”理念等方案的提出，为地勘行业带来了前所未有的发展契机。近年来，我国在“一带一路”沿线国家进行了大量的基础建设和矿业投资。对比我国工业化发展的成功经验，前期十分重视地质勘查先行，推动矿业开发和工业化建设，而大量的地质勘查工作也保障了我国经济建设的快速发展和改革开放的伟大成就。同样，为使“一带一路”倡议更好地实施，也应发挥地质勘查工作的基础性和先行性作用，使之服务于重大工程建设和矿产资源开发，带动沿线国家的经济建设和发展，多途径利用全球资源，构建“人类命运共同体”。“三个地球”建设理念的全球化视角可以更加有效地指导我国地勘行业在国外的布局和发展，在我国国际发展战略中起到新的支撑作用。

随着我国工业化进程的加快和经济的迅猛发展，对矿产资源的需求急剧增加，供需矛盾日益尖锐，开发利用好国内国际两种资源势在必行。“一带一路”沿线国家矿产资源丰富，地质工作程度低，大量矿产资源未得到开发利用，严重影响了当地经济和社会的发展。“走出去”，即到这些国家勘查开发矿产资源，利用“透明地球”“数字地球”建设的技术理念，开展煤炭、煤系矿产、化工矿产、新兴战略性矿产等资源的地质勘查与开发技术服务，优先推进我国与沿线国家进行矿产勘探、开采、加工、消费，以及矿业投资、交易方面的合作，并带动测绘、勘查等多种基础性研究与建设项目，这既能对所在国当地经济发展起到重要推动作用，对国内矿产资源开发结构调整和稀缺资源的补充也具有重要意义，从而可以借此加快双方经济全球化发展进程，推动构建“人类命运共同体”。

作为跨地域、跨文化、跨国家的基础性、先行性、公益性工作，地质勘查工作能够更好地促进不同国家地域、不同发展阶段、不同历史传统、不同文化宗教的深度合作和经济发展，这是国际发展战略推进的融合剂和助推器。“三个地球”建设的核心是“人类命运共同体”理念的践行与落实，其所倡导的生态地质勘查以绿色发展理念和生态文明建设为出发点，与国际上倡议的“绿色之路”和“文明之路”理念相通。共建“美丽地球”，必将成为构建“人类命运共同体”的重要载体。

参考文献
BIBLIOGRAPHY

[1]艾尔·戈尔."数字地球":21 世纪认识地球的方式[J]. 科学新闻,1999(02).

[2]Carr G R, Andrew A S, Denton G J, et al. The "Glass Earth"—Geochemical frontiers in exploration through cover[J]. Australian Institute of Geoscientists Bulletin, 1999, 28: 33 -40.

[3]Goodchild M F,Guo H,Annoni A,et al. Next-generation digital earth [J]. Proceedings of the National Academy of Sciences,2012,109 (28) : 11088 -11094.

[4]阿米娜·依敏. 刍议我国生物资源的现状及解决措施[J]. 经营管理者, 2010(6):127 -127.

[5]安国英. 危机矿山找矿的地球化学方法技术研究[D]. 中国地质大学(北京),2006.

[6]白运. 汶川地震断裂带科学钻探井址区电性特征研究[D]. 成都理工大学,2012.

[7]百度百科. 全球卫星定位系统[EB/OL]. [2021 -03 -01]https://baike. baidu. com/item/%E5%85%A8%E7%90%83%E5%8D%AB%E6%98%9F%E5%AE%9A%E4%BD%8D%E7%B3%BB%E7%BB%9F,2010.

[8]博引.2011 年的俄罗斯航天活动[J]. 国际太空,2012(2):22 -31.

[9]曹代勇,姚征,李靖. 煤系非常规天然气评价研究现状与发展趋势. 煤炭科学技术[J]. 2014,42(1): 89 -92.

[10]曹文贵,刘晓明,张永杰. 工程地质学[M]. 长沙:湖南大学出版社,2015.

[11]曾克峰. 地貌学教程[M]. 北京:中国地质大学出版社,2013.

[12]昌乐．全国医疗废物处置能力在提升[J]．环境,2020(2):56-57.

[13]陈焕新,杨培志,徐云生．地源热泵技术在我国的应用前景[J]．建筑热能通风空调,2002(4):10-13.

[14]陈述彭．我国地理信息系统的新进展[J]．国土资源信息化,2004(1):3-4.

[15]陈希泉,楼法生.地球化学找矿[M]．北京:地质出版社,2014.

[16]程光华,苏晶文,杨洋,等．新时代地质工作战略思考．地质通报,2018,37(7):1177-1185.

[17]程建平,李芳芳,谭小丽．超细水泥灌浆技术在处理混凝土渗水裂缝中的应用[J]．内蒙古水利,2011(1):85.

[18]戴瑾．经济新常态下核地勘单位科技创新能力建设研究——以江西省核工业地质局为例．内蒙古煤炭经济,2017(23):45-46.

[19]邓卫华,朱晨．城市扩张中市民对智慧公共信息服务的接纳研究——基于武汉市洪山区的调查分析[J]．图书馆,2020(3):29-36.

[20]董慧,李家丽．新时代网络治理的路径选择:网络空间命运共同体[J]．学习与实践,2017(12).

[21]董明,李伟．遥感图像解译标志特点[J]．内蒙古煤炭经济,2013(11):18-19.

[22]都本绪．GIS在大连松线虫病预防中的应用[J]．防护林科技,2017(6):76-77+88.

[23]杜诚．基于GPS和GIS的车辆导航及监控系统的设计与实现[D].西南交通大学,2005.

[24]杜杏叶．学术论文关键指标智能化评价研究[D]．吉林大学,2019.

[25]杜悦英．健全长效机制新固废法亮点凸显[J]．中国发展观察,2020(Z5):92-93+113.

[26]范明霏．油田勘探开发过程中的环境问题[J]．环境工程,2014(S1):1051-1054.

[27]范中桥．地域分异规律初探[J]．哈尔滨师范大学自然科学学报,

2004(5):106－109.

[28]范子中. 高密度电法和瞬变电磁法在高速公路路基采空区的应用[J]. 西部探矿工程,2020,32(5):153－155.

[29]方长青. 固体矿产勘查学[M]. 北京:地质出版社,2007.

[30]冯海艳,杨忠芳. 论地球化学专业本科生科研动手能力的提高[J]. 中国地质教育,2012,21(3):108－110.

[31]冯少杰,杨占军,李焕忠,等. 瞬变电磁在露天边坡下采空区探测中的应用[J]. 金属矿山,2012(6):47－49.

[32]甘斌. 地面核磁共振方法在水文地质勘查中的应用研究[D]. 中国地质大学(北京),2013.

[33]高岚. 外来森林有害生物入侵的环境经济影响评估方法与指标体系的研究[M]. 北京:中国林业出版社, 2009.

[34]高平. 导航卫星时频生成与保持技术研究[D]. 西安电子科技大学,2011.

[35]高绍凤,陈万隆,朱超群,等. 应用气候学[M]. 北京:气象出版社,2001.

[36]耿召. 矿产资源规划管理信息系统的设计与实现[D]. 电子科技大学,2012.

[37]关雪峰,曾宇媚. 时空大数据背景下并行数据处理分析挖掘的进展及趋势[J]. 地理科学进展,2018,37(10):1314－1327.

[38]关志超,李夏,张昕,等. 政府主导下的智能交通体系规划设计与建设管理研究[J]. 中国公共安全(综合版),2012(17):149－158.

[39]郭鹏."物探＋钻探"方法在青磁窑煤矿采空区积水勘察中的应用[J]. 化学工程与装备,2020(1):207－209.

[40]郭韵涵. 地勘行业的发展现状及对策建议[J]. 产业创新研究,2019(5):120－122.

[41]国家安全生产监督管理总局,国家煤矿安全监察局. 关于支持钢铁煤炭行业化解产能实现脱困发展的意见[EB/OL].[2021－01－28]http://www.chinasafety.gov.cn/newpage/contents/channel6289/2016/0418/268570/con-

tent268570. html.

[42]郝霁昊,白运,郭彦刚. EH4 可控源电磁成像系统在铅锌矿尾矿勘察中的应用研究[J]. 科技资讯,2011(29):107 - 108.

[43]郝琳,王茂林. 如何提高地质矿产勘查及找矿效率[J]. 区域治理,2019(39):155 - 157.

[44]郝鹏飞. 矿山地质环境监测工作方法初探[J]. 科技传播,2014,6(10):118 + 117.

[45]何宝宏, 于群. 40 年网络技术发展历程[J]. 中兴通讯技术, 2010(B08):17 - 20.

[46]何更生. 油层物理[M]. 北京:石油工业出版社,1993.

[47]何庆成,刘文波,李志明. 华北平原地面沉降调查与监测[J]. 高校地质学报,2006(2):195 - 209.

[48]贺金鑫. 地理信息系统基础与地质应用[M]. 武汉:武汉大学出版社,2015.

[49]洪昌松,郑贵洲. 地质制图学[M]. 北京:中国地质大学出版社,1993(11):57 - 59.

[50]胡光雨,信占东,潘乐荀. 袁店二矿断层构造复杂区物探技术应用研究[J]. 安徽理工大学学报(自然科学版),2011,31(2):52 - 55.

[51]胡嘉敏. 沉浸与失真——以 VR 舞蹈重访电影影像的可能性[J]. 戏剧之家,2020(7):77 - 78.

[52]胡旭忠. 浅谈矿产资源勘探的开发与环境保护[J]. 科学技术创新, 2018, 000(031):195 - 196.

[53]胡映. 国土空间系统认知理论与规划技术探索[J]. 山西农经,2020(15):18 - 19.

[54]张尼. 华北大范围雾霾持续加重　多地加码应急措施[EB/OL]. 中国新闻网,2016 - 12 - 18[2021 - 01 - 20]. http://www. xinhuanet. com/politics/2016 - 12/18/c_1120137463. htm.

[55]环境科学大辞典编委会. 环境科学大辞典(修订版)[M]. 北京:中国环境科学出版社, 2008.

[56]黄丁发,等. 卫星导航定位原理[M]. 武汉:武汉大学出版社,2015.

[57]黄启春,景朋涛. 可控源音频大地电磁测深法在煤矿采空区积水区勘查中的应用[J]. 工程地球物理学报,2012,9(3):296-300.

[58]黄志澄著. 航天科技与社会第四次浪潮[M]. 广州:广东教育出版社,2007.

[59]吉根林,赵斌. 面向大数据的时空数据挖掘综述[J]. 南京师范大学学报(自然科学版),2014,37(1):1-7.

[60]江绵康. 遥感的原理与实践——以上海市第三轮航空遥感调查为例[J]. 上海城市发展, 2011(B11):97-108.

[61]江萍彬. 浅谈深部开采中地球物理勘探技术的应用[J]. 华北国土资源,2015(4):60-61.

[62]姜辰. GPS 在城市客运中的应用和发展[J]. 电脑知识与技术,2011,7(5):1198-1200.

[63]姜丁,齐志鹏,杨生辉,等. GPS——提高军事运输效益的"倍增器"[J]. 汽车运用,1997(6):31-33.

[64]蒋庆,谢坤良. 旋冲钻井技术在石油钻井中的应用[J]. 云南化工,2018,45(4):183.

[65]蒋艳明. 黑龙江省三道湾子金矿土壤和岩石地球化学异常特征及其意义[D]. 吉林大学,2009.

[66]靳文瑞. 基于 GNSS 的多传感器融合实时姿态测量技术研究[D]. 上海交通大学,2009.

[67]康颂明. 精密水深测量的方法及其误差来源浅析[J]. 铜业工程,2012(1):37-39.

[68]孔波,孔祥祯,邵园园,等. 电厂粉煤灰降炭提质技术工艺系统研究[J]. 煤炭加工与综合利用,2012(4):44-47.

[69]孔芳. 大气污染控制技术综述[J]. 当代化工研究,2017(1):57-58.

[70]孔昭煜,郭磊,李海龙等. 大数据背景下地质资料电子数据长期保

存技术探究[J]. 中国矿业, 2019(6):69 - 72.

[71]葵子彤,杨洋. 普职融通模式的区块链支持体系及 SWOT 分析[J]. 教育观察,2019,8(40):104 - 107.

[72]赖炜. 岩土工程勘察设计与施工中水文地质问题探析[J]. 西部资源,2019(1):64 - 65.

[73]兰筱琳,洪茂椿,黄茂兴. 面向战略性新兴产业的科技成果转化机制探索[J]. 科学学研究,2018(8):1375 - 1383.

[74]劳景华,朱文玲,汤仲恩. 污染水体生物修复及其发展前景[J]. 广东农业科学,2006(8):84 - 86.

[75]雷宏泽. 浅谈计算机网络的发展历程和发展方向[J]. 青年文学家,2013(29):137 - 138.

[76]黎强,陈昌和,杨玉芬,等. 粉煤灰的微观结构与脱炭方法的实验比较[J]. 选煤技术,2003(1):11 - 13 + 2.

[77]黎强,陈昌和,杨玉芬,等. 粉煤灰脱炭的流态化实验研究[J]. 煤炭转化,2002(4):70 - 73.

[78]李崇银. 气候动力学引论[M]. 北京:气象出版社,2000.

[79]李德仁,马军,邵振峰. 论时空大数据及其应用[J]. 卫星应用,2015(9):7 - 11.

[80]李凤保,刘金,古天祥. 网络化传感器技术研究[J]. 传感器技术,2002(7):62 - 64.

[81]李红宣. 基于多光谱遥感影像的海船目标检测技术研究[D]. 云南大学,2013.

[82]李康化,姜姗. 机器学习与文化生产变革——基于 AI 技术发展视角[J]. 湘潭大学学报(哲学社会科学版),2020,44(1):74 - 79.

[83]李鹏波,张士峰. 面向 21 世纪的军用仿真技术[J]. 飞航导弹,1999(10):59 - 62.

[84]李姗,鲜保安. 地热能原位换热试验分析与机理研究[J]. 中国资源综合利用,2020,38(1):15 - 18.

[85]李四光. 地质力学概论[M]. 北京:科学出版社,1999.

［86］李霞．含油污水处理系统工艺参数改进试验［D］．西华大学，2018．

［87］李秀莉．我国矿山地质环境监测工作方法初探［J］．城市地理，2015（22）：49．

［88］李旭然，丁晓红．机器学习的五大类别及其主要算法综述［J］．软件导刊，2019，18（7）：4－9．

［89］李杨．地勘单位如何走好科技创新、经济发展之路［J］．时代金融，2018，687（5）：261－26．

［90］李雨航．大数据应用研究综述［J］．科学大众（科学教育），2017（8）：215－216．

［91］李悦．基于我国资源环境问题区域差异的生态文明评价指标体系研究［D］．中国地质大学，2015．

［92］李长生．生物地球化学的概念与方法——DNDC 模型的发展［J］．第四纪研究，2001（2）：89－99．

［93］李长胜．能源环境学［M］．太原：山西经济出版社，2016．

［94］李志琼．浅谈 1∶20 万水系区域化探异常评价方法［J］．城市地理，2015（4）：136．

［95］理查德·德威特．世界观：科学史与科学哲学导论．第 2 版［M］．北京：电子工业出版社，2014．

［96］梁立生．畜禽养殖污染治理的基本方法［N］．日照日报，2017－08－15（A03）．

［97］廖先平．物探方法的应用简析［EB/OL］．百度文库，2011－04－07［2021－01－28］．https://wenku.baidu.com/view/abda20f49e314332396893a8.html．

［98］林浩，李雷孝，王慧．支持向量机在智能交通系统中的研究应用综述［J］．计算机科学与探索，2020，14（6）：901－917．

［99］林小春，陈勇．鹰爪下的“伽利略”世界需要几个导航卫星系统［J］．科学之友，2004（4）：45．

［100］林晓．组合导航技术研究及船载天线稳定系统设计［D］．南京理工大学，2003．

[101]凌龙,顾莹,王磊,等. 松江大学城三维虚拟地理环境的构建[J]. 科技信息,2012(10):141.

[102]刘波,吴学群. GIS 在土地利用规划设计中的应用[J]. 中国锰业,2016,34(6):169-171.

[103]刘椿, 马醒华, 杨振宇. 中国古地磁学研究现状与展望[J]. 地球物理学报, 1997(S1): 231-237.

[104]刘凤祥,王学武,李新仁,等. 固体矿产地质勘查基本方法[J]. 云南地质,2013,32(2):250.

[105]刘福胜, 马彦良, 李华. 关于煤炭地质单位"透明地球"建设的若干思考[J]. 中国煤炭地质, 2019,31(11):26-30.

[106]刘广志. 中国钻探科学技术史[M]. 北京:地质出版社,1998.

[107]刘基余. 卫星导航及其在航天遥测中的应用[J]. 遥测遥控,2016,37(6):1-13+17.

[108]刘利宝,王巍巍. 对抓好国有地勘单位核心竞争力建设的思考[J]. 中国国土资源经济,2015,28(7):62-65

[109]刘朋,孙亚,彭担任. 瞬变电磁法在采空区疏放水探查中的应用[J]. 煤炭科技,2012(2):82-84.

[110]刘琴,刘文芳. 我国地下水污染治理技术研究综述[J]. 中国矿业,2016,25(S2):158-162.

[111]刘芮. 山西省地热能开发利用浅析[J]. 科学技术创新,2020(15):10-11.

[112]刘若林. 基于北斗卫星导航系统的差分定位应用的研究[J]. 通信电源技术,2020,37(8):4-6.

[113]刘树臣. 发展新一代矿产勘探技术——澳大利亚"玻璃地球"计划的启示[J]. 地质与勘探,2003(5): 54-57.

[114]刘天佑. 地球物理勘探概论[M]. 北京:地质出版社,2007.

[115]刘文娅. VR 技术分析与应用发展[J]. 电脑知识与技术,2019,15(25):241-243.

[116]刘希圣,黄醒汉,王治同,等. 石油技术辞典[M]. 北京:石油工业

出版社,1996.

[117]刘彦随. 土地综合研究与土地资源工程[J]. 资源科学,2015(1):1-8.

[118]刘彦随. 中国土地资源研究进展与发展趋势[J]. 中国生态农业学报,2013(1):127-133.

[119]柳广弟.石油地质学[M]. 北京:石油工业出版社,2009.

[120]娄治平, 赖仞, 苗海霞. 生物多样性保护与生物资源永续利用[J]. 中国科学院院刊, 2012, 27(3):359-365.

[121]娄棕棋. 机器学习的理论发展及应用现状[J]. 中国新通信,2019,21(1):60-62.

[122]卢选元.地质调查基础知识[M]. 北京:地质出版社,1987.

[123]卢彦. 移动智能网络技术及其应用发展探究[J]. 卫星电视与宽带多媒体,2020(11):64-65.

[124]卢耀如. 建设生态文明保护地下水资源促进可持续开发利用(代序)[J]. 地球学报, 2014.

[125]鲁西奇, 王凌. 人地关系理论与历史地理研究[J]. 史学理论研究, 2001.

[126]陆凯. 基于高频声波编解码技术的室内定位系统[D]. 复旦大学,2012.

[127]罗晓慧. 人工智能背后的机器学习[J]. 电子世界,2019(14):103.

[128]马振东. 地球化学[M]. 北京:地质出版社,2003.

[129]孟令芝,龚淑玲,何永炳.有机波谱分析[M]. 武汉:武汉大学出版社,2009.

[130]孟勋. 物联网技术综述[J]. 中国科技信息,2018(23):46-47.

[131]牟保磊. 元素地球化学[M]. 北京:北京大学出版社,1999.

[132]牟义. 矿井工作面突水地质异常体电阻率响应特征实验研究[D]. 山东科技大学,2009.

[133]聂洪峰,肖春蕾,郭兆成. 探寻生态系统运行与演化的秘密——

生态地质调查思路及方法解读[J]. 国土资源科普与文化,2019(4):4－13.

[134]潘和平,马火林,蔡柏林,等. 地球物理测井与井中物探[M]. 北京:科学出版社,2009.

[135]潘树仁,李正越,魏云迅,等. 新时代煤炭资源全生命周期地质保障技术体系[J]. 中国煤炭地质,2020,32(1):1－4＋57.

[136]潘树仁,潘海洋,谢志清,等. 新时代背景下煤炭绿色勘查技术体系研究[J]. 中国煤炭地质,2018,30(6):10－13.

[137]彭苏萍,张博,王佟等. 煤炭可持续发展战略研究[M]. 北京:煤炭工业出版社,2015.

[138]彭苏萍. 中国煤炭资源开发与环境保护[J]. 科技导报,2009,27(17):3－3

[139]千怀遂, 孙九林, 钱乐祥. 地球信息科学的前沿与发展趋势[J]. 地理与地理信息科学, 2004(2):1－7.

[140]王涛. 青海启动木里矿区综合整治 三年建成矿山生态公园[EB/OL]. [2021－02－25]. http://www.xinhuanet.com/local/2020－08/31/c_1126435914.htm.

[141]曲睿晶. 新固废法的实施是建材行业绿色转型升级的契机[J]. 资源再生,2020(5):27－28.

[142]全国科学技术名词审定委员会. 大气科学名词[M]. 北京:科学出版社,2009(9):37－40.

[143]任加国,武倩倩. 水文地球化学基础[M]. 北京:地质出版社,2014.

[144]尚慧. 宁夏矿山地质环境评价与动态监测分析[D]. 长安大学,2013.

[145]尚悦. 鱼种回波信号特征提取及分类方法研究[D]. 浙江大学,2019.

[146]邵长颖. 关于地下水环境监测技术的研究[J]. 化工管理,2019(21):111－112.

[147]沈文增. 地热能清洁供暖及发展趋势分析[C]//中国市政工程华

北设计研究总院有限公司 . 2019 供热工程建设与高效运行研讨会论文集（下）. 煤气与热力,2019.

[148]石遥．基于遥感技术的公路洪水灾害监测和预警技术研究[D]. 长安大学, 2013.

[149]宋延杰, 陈科贵, 王向公. 地球物理测井[M]. 北京:石油工业出版社,2011.

[150]苏淑玲．机器学习的发展现状及其相关研究[J]. 肇庆学院学报, 2007(2):41 –44.

[151]苏逊卿．地热资源热能发展及提取技术现状[J]. 石化技术, 2017,24(9):132.

[152]孙波．基于 GNSS 单天线技术的农田土壤湿度反演方法研究[D]. 山东农业大学,2020.

[153]孙家抦．遥感原理与应用[M]. 武汉:武汉大学出版社,2013.

[154]孙磊. 地震勘探主要方法[J]. 黑龙江科技信息,2015(5):87.

[155]孙权．我国淡水资源的现状与开发利用探析[J]. 科学技术创新, 2010(7):209 –210.

[156]孙亚．加快矿山地质环境治理 促进全省生态文明建设[N]. 湖北日报,2014 –12 –07(003).

[157]谭海樵,奚砚涛,赵成喜. 煤矿地质学新编[M]. 北京:中国矿业大学出版社,2015.

[158]唐孝炎,张远航. 大气环境化学[M]. 北京:高等教育出版社,2006.

[159]陶学佳．瞬变电磁法在煤矿水文物中应用利弊分析[J]. 科技资讯,2010(8):41.

[160]同济大学工程地质与水文地质教研室. 构造地质与地质力学[M]. 北京:中国建筑工业出版社,1982.

[161]推动企业创新发展,投身“三个地球”建设[N]. 中国企业报,2019 –12 –24(003).

[162]汪集暘,庞忠和,孔彦龙,等．我国地热清洁取暖产业现状与展望

[J]. 科技促进发展,2020,16(Z1):294-298.

[163]汪诗峰. 空间网络分析关键技术研究[D]. 中国科学院研究生院(遥感应用研究所),2006.

[164]汪新文. 地球科学概论[M]. 北京:地质出版社,2014.

[165]王爱枝,贺宏. 神通广大的红外线[J]. 中学生数理化(尝试创新版),2013(7):48.

[166]王保云. 物联网技术研究综述[J]. 电子测量与仪器学报,2009,23(12):1-7.

[167]王丹. 智慧城市时空信息应用[J]. 中国建设信息化,2019(7):8-11.

[168]王登杰. 基于虚拟现实的工程测量实验技术研究[J]. 工程勘察,2011,39(12):55-58+66.

[169]王富炜, 马建梅, 李红勋. 现代经济与管理系列教材 资产评估与管理[M]. 北京:中国林业出版社, 2000.

[170]王贵文,郭荣坤. 测井地质学[M]. 北京:石油工业出版社,2000.

[171]王欢, 郭策安. 民用 GPS 卫星导航信号发生器的设计与仿真[J]. 成组技术与生产现代化, 2018, 35(3):42-46+ 21.

[172]王家耀. 关于"互联网+"与新型智慧城市的若干思考[C]//中国智慧城市经济专家委员会,新产经杂志社. 2016 年新产经论坛论文集. 新产经,2016(4).

[173]王家耀. 时空大数据及其在智慧城市中的应用[J]. 卫星应用,2017(3):10-17.

[174]王健. 地震与地球内部的奥秘[M]. 北京:地震出版社,2014.

[175]王金虹,张鸿雁. 基础地理[M]. 沈阳:辽宁科学技术出版社,2012.

[176]王钦敏."数字地球"和"数字福建"[J]. 福州大学学报:哲学社会科学版,2001(3).

[177]王润科,薛玉峰,李志鹏. 大气对可见光波段遥感图像影响因素的分析[J]. 甘肃高师学报,2011,16(2):54-56+106.

[178]王书林. 浅析计算机网络数字数据通信技术[J]. 无线互联科技,

2016(4):1 -2.

[179]王淑荣,李福田,曲艺．空间紫外光学遥感技术与发展趋势[J]．中国光学与应用光学,2009,2(1):17 -22.

[180]王佟．新时代煤炭地质勘查工作的发展方向——“三个地球”建设[J]．中国煤炭地质，2019.

[181]王佟,孙杰,江涛,等．煤炭生态地质勘查基本构架与科学问题[J]．煤炭学报,2020,45(1):276 -284.

[182]王卫强,王勇,吴明,等．GIS在长输油气管道的应用现状与发展趋势[J]．油气储运,2007(7):1 -5 +62 +4.

[183]王潇潇．虚拟现实环境中的数据可视化设计[J]．设计,2019,32(24):115 -117.

[184]王秀明.应用地球物理方法原理[M]．北京:石油工业出版社,2000.

[185]王绪旺．铁尾矿渣用作半刚性路面基层材料的抗冲刷性分析[J]．科技创新与应用,2020(13):38 -40.

[186]王阳,温向明,路兆铭,等．新兴物联网技术——LoRa[J]．信息通信技术,2017,11(1):55 -59 +72.

[187]王永祥．黑龙江乌拉嘎金矿深部及周边隐伏矿体定位预测[D]．吉林大学,2006.

[188]王玉涛，张营．矿产资源开发与环境保护协调发展——以鄂尔多斯市为例[J]．经济论坛，2015(10):88 -89.

[189]王振荣,林茂炳.地质制图基础[M]．成都:成都地质学院出版社,1973.

[190]魏学敬,赵相泽．定向钻井技术与作业指南[M]．北京:石油工业出版社,2012.

[191]温静．北斗卫星导航系统在地质调查领域应用综述[J]．地质力学学报,2012,18(3):213 -223.

[192]文军,张思峰,李涛柱．移动互联网技术发展现状及趋势综述[J]．通信技术,2014,47(9):977 -984.

[193]中国环境保护产业协会水污染治理委员会．我国水污染治理行业2007年技术发展综述[J]．中国环保产业,2008(11):12－16.

[194]刘剑英．我国中深层地热“取热不取水”技术取得重大突破[EB/OL].[2021－01－05].https://baijiahao.baidu.com/s? id＝1650254156701730427&wfr＝spider&for＝pc.

[195]吴冲龙，刘刚，张夏林,等．地质科学大数据及其利用的若干问题探讨[J]．科学通报，2016，61(16):1797.

[196]吴冲龙，刘刚．“玻璃地球”建设的现状、问题、趋势与对策[J].地质通报，2015，34(7):1280－1287.

[197]吴桂桔,胡祥云,刘慧．CSAMT三维正演数值模拟研究进展[J].地球物理学进展,2010,25(5):1795－1801.

[198]吴健生,王家林,赵永辉,等.地球物理学入门[M]．上海:同济大学出版社,2017.

[199]吴秀营．水生态修复工程茅洲河流域(宝安片区)燕川湿地设计分析[J]．陕西水利,2020(7):86－88.

[200]伍光和,王乃昂,胡双熙,等.自然地理学[M]．北京:高等教育出版社,2007.

[201]武强,刘宏磊,赵海卿,等．解决矿山环境问题的“九节鞭”[J].煤炭学报,2019,44(1):10－22.

[202]武钦琳．建设数字蚌埠的分析与思考[J]．工程与建设,2006(5):440－441＋444.

[203]习近平向第六届世界互联网大会致贺信[EB/OL].[2021－02－01].http://www.xinhuanet.com /mrdx/2019－10/21/c_1210320431.htm.

[204]夏仕兵,李振猛,周屹．工业固体废物资源综合利用现状及展望分析[J]．低碳世界,2016(25):18－19.

[205]项鑫,刘红旗,李军杰．全球卫星导航系统的发展现状[J]．科技信息,2009(1):66－67.

[206]肖海峰,马润赓．全球卫星定位系统的改进及发展[C]//中国测绘学会．中国测绘学会第九次全国会员代表大会暨学会成立50周年纪念大

会论文集．北京:中国测绘学会,2009:4.

[207]肖长来,梁秀娟,王彪．水文地质学[M]．北京:清华大学出版社,2010.

[208]谢树成, 罗根明, 宋金明,等．2001 –2010 年生物地球化学研究进展与展望[J]．矿物岩石地球化学通报, 2012, 31(5):447 –469.

[209]谢志清, 彭桂辉．煤炭地质单位建设“数字地球”综述[J]．中国煤炭地质, 2019.

[210]熊晓欢．基于 Galileo 多频数据的姿态测量系统研究[D]．南京航空航天大学,2010.

[211]徐安全．浅谈地质灾害监测技术现状及发展趋势[J]．企业技术开发,2014,33(19):117 –118.

[212]徐宝慈．关于加拿大岩石圈探测计划[J]．世界地质,1992(4):5 –9.

[213]徐景珠,王秋成．论工程地质钻探中的钻孔找矿技术[J]．西部探矿工程,2013,25(1):163 –166.

[214]徐品晶．粉煤灰电选脱碳技术的开发[D]．西安建筑科技大学,2007.

[215]徐文生．美国全球定位系统简介[J]．卫星与网络,2008(8):24 –27.

[216]徐锡华．金属矿产地球化学勘查方法的现状与动向[J]．地质找矿论丛,2000(1):17 –23.

[217]徐彦．智能车辆定位与导航系统车载装置的研究[D]．长春理工大学,2007.

[218]许红亮,郭辉,姜三营,等．平顶山矿区一矿煤矸石特征及其利用途径分析[J]．中国矿业,2012,21(7):49 –52.

[219]许娟娟,陈洞天,任宇飞,等．基于机器学习的新冠肺炎典型药物疗效分析[J]．中国医院药学杂志,2020,40(11):1177 –1181.

[220]薛春纪. 基础矿床学[M]．北京:地质出版社,2006.

[221]闫志峰．基于 Stacking 算法的多分类器融合在毒蘑菇识别中的应用[D]．山西农业大学,2019.

[222]杨建青,章树安,陈喜,等. 国内外地下水监测技术与管理比较研究[J]. 水文,2013,33(3):18-24.

[223]杨剑锋, 乔佩蕊, 李永梅,等. 机器学习分类问题及算法研究综述[J]. 统计与决策, 2019(6).

[224]杨圣玮. 粉煤灰的摩擦带电性与放电特征[D]. 西安建筑科技大学,2007.

[225]杨玉芬,陈清如. 粉煤灰三种脱炭方法的试验研究[C]//中国颗粒学会、中国粉体技术工业协会(筹). 2003年全国粉体设备—技术—产品信息交流会论文集. 北京:中国颗粒学会,2003:6.

[226]杨震. 物联网发展研究[J]. 南京邮电大学学报(社会科学版),2010,12(2):1-10.

[227]杨志. 综合物探技术在煤矿采空区及积水区的探测研究[J]. 地质装备,2019,20(3):36-39.

[228]姚哲. 粉煤灰特性及其浮选法脱炭的试验研究[D]. 西安科技大学,2010.

[229]于冬. 浅谈事故树在地质钻探高处坠落事故预防中的应用[J]. 西部探矿工程,2016,28(6):36-38.

[230]于亮,万鑫,李涌涛,等. GALILEO系统在中国区域内的完好性分析[J]. 全球定位系统,2013,38(3):43-46+50.

[231]于雪萌. 基于学生行为分析的教育数据挖掘算法研究[D]. 山东师范大学,2020.

[232]余斌. 有色矿山资源综合利用技术进展与未来走势[J]. 露天采矿技术,2007(2):1-4.

[233]余涵,陈杰,李波. 新型扭转冲击钻井工具的研制与应用[J]. 石化技术,2017,24(12):78-79.

[234]余娴丽. 论"数字地球"战略下网络空间命运共同体的构建[J]. 福州党校学报,2020(1):39-41.

[235]袁涛,郭晓丽. 浅析机动车尾气污染及净化技术[J]. 化工管理,2019(3):174-175.

[236]岳想平,张健. 动力滑翔机航磁测量系统的研发与应用[J]. 物探与化探,2020,44(1):177-184.

[237]昝娟娟. 新时期计算机网络通信现状及发展趋势研究[J]. 信息记录材料,2020,21(4):67-68.

[238]张博. GPS在农业中的应用技术研究[D]. 中国农业大学,2000.

[239]郝雅楠,祝彬,朱华桥. 全球卫星导航系统发展现状与特点分析[J]. 国防科技工业,2020(7):20-24.

[240]张东普. 北斗卫星定位技术在车联网的应用[J]. 汽车零部件,2012(6):35.

[241]张海欧,韩霁昌,王欢元,等. 污染土地修复工程技术及发展趋势[J]. 中国农学通报,2016,32(26):103-108.

[242]张海燕. 基于物联网的智能温室控制系统设计与实现[D]. 河北北方学院,2019.

[243]张好. 区域电离层模型的建立及精度分析[D]. 解放军信息工程大学,2011.

[244]张辉. 时空大数据的主要特征及作用[J]. 长春工程学院学报(自然科学版),2017,18(3):115-118.

[245]张继帅,李金生,张晓舒. GPS在海洋精密定位及水深测量中的应用[J]. 中小企业管理与科技(上旬刊),2009(8):311-312.

[246]张进德,田磊,赵慧. 我国矿山地质环境监测工作方法初探[J]. 水文地质工程地质,2008(2):129-132.

[247]张烈辉,郭晶晶,唐洪明. 页岩气藏开发基础[M]. 北京:石油工业出版社,2014.

[248]张明学. 地震勘探原理与解释[M]. 北京:石油工业出版社,2010.

[249]张谦. 虚拟现实技术在高校图书馆的应用[J]. 智库时代,2019(52):80-81.

[250]张森琦,王永贵,朱桦,等. 关于生态环境地质学几个理论问题的探讨[J]. 青海环境,2007.

[251]张遂安. 采煤采气一体化理论与实践[J]. 中国煤层气,2006

(4):14－16.

[252]张伟．高温岩体热能开发及钻进技术[J]．探矿工程(岩土钻掘工程),2016,43(10):219－224.

[253]张夏林,吴冲龙,翁正平．数字矿山软件架构与关键技术研究[J].金属矿山,2009(S1):552－559.

[254]张小平．核磁共振在水文地质中的应用[J]．中国新技术新产品,2010(24):10.

[255]张星．弹性波回波信号中典型地质构造特征提取与分类方法研究[D]．山东科技大学,2018.

[256]张秀清, 周巧姝．不同历史阶段的人地关系思想对自然环境的影响[J]．长春师范大学学报, 2009, 28(4):64－67.

[257]张旭梦,胡术刚,宋京新．中国土壤污染治理现状与建议[J]．世界环境,2018(3):23－25.

[258]张筵．浅析5G移动通信技术及未来发展趋势[J]．中国新通信,2014,16(20):2－3.

[259]张雨维．基于多源数据协同的集宁浅覆盖区玄武岩提取方法研究[D]．中国地质大学(北京),2020.

[260]张志强, 徐中民, 程国栋．条件价值评估法的发展与应用[J]．地球科学进展, 2003(3):454－463.

[261]赵安新,李白萍,卢建军．数字化矿山体系结构模型及其应用[J].工程设计学报,2007(5):423－426.

[262]赵亮．“伽利略”计划起步　欧美“空间战”开始[J]．科学之友,2006(2):38－39.

[263]赵娜,刘乃友,葛颂．浅谈地球物理测井的发展[J]．物流工程与管理,2015(3):231－232.

[264]赵娜,赵柯蘅．工业固体废弃物资源综合利用技术现状解析[J]．中国资源综合利用,2019,37(6):58－60.

[265]赵平．新时代煤炭地质勘查工作发展方向研究[M]．北京:科学出版社, 2020.

[266]赵平．构建新时代“‘透明地球’‘数字地球’‘美丽地球’”的地勘战略愿景[J]．中国煤炭地质，2019,31(9):1－7,36.

[267]赵平．煤炭地质“三个地球”的理论技术探讨与展望[J]．中国煤炭地质,2019,31(11):1－6.

[268]赵平．深入学习贯彻“四个全面”战略思想　围绕“三个地球”建设　推动高质量发展[J]．国资报告,2020(7):16－19.

[269]赵平．新时代生态地质勘查工作的基本内涵与架构[J]．中国煤炭地质,2018,30(10):1－5.

[270]赵睿．我国鸟类监测研究进展[J]．内蒙古林业,2019(3):31－34.

[271]赵天闻．基于机器学习方法的人脸识别研究[D]．上海交通大学,2008.

[272]赵振华．微量元素地球化学原理[M]．北京:科学出版社,2016.

[273]郑栋材,朱卫民,张晋,等．多种技术方法在佛湾水库工程勘测中的应用[J]．人民黄河,2012,34(4):111－113.

[274]郑度,谭见安,王五一,等.环境地学导论[M]．北京:高等教育出版社,2007.

[275]中国地质调查局．中国地质调查局地质调查技术标准——固体矿产勘查原始地质编录规程(试行):DD2006－01[S]．北京:中国地质调查局,2006:7.

[276]中华人民共和国地质矿产部．中华人民共和国地质矿产行业标准 工程地质钻探规程:DZ/T 0017－91[S]．北京:中华人民共和国地质矿产部,1991:12.

[277]钟红梅,柳芳．国有地勘单位分类改革形势下的科技创新工作思考[J]．科技资讯,2015,13(32):185－186

[278]钟添春．新形势下地勘单位转型发展探讨[J]．企业改革与管理,2017(1):197－197

[279]周德泉.工程地质实践教程[M]．长沙:中南大学出版社,2014.

[280]周世波．伽利略卫星导航系统概述[J]．航海技术,2006(3):

37 -38.

[281]周淑贞. 气象学与气候学[M]. 北京:高等教育出版社,1997.

[282]周艳,张坚. 大数据时代工程企业档案信息化建设探析[J]. 浙江档案,2020(2):60 -61.

[283]朱立新,马生明. 我国平原区土壤地球化学异常成因研究[J]. 物探化探计算技术,2005(3):237 -240 +182.

[284]邹草心. 面向旅游场景的时空大数据应用服务技术的优化与实现[D]. 电子科技大学,2020.

[285]邹松霖. 智慧城市数量中国全球居首[J]. 人民周刊,2020(3):58 -59.

[286] 百度百科. 地球质量[EB/OL]. [2021 -04 -08]. https://baike.baidu.com/item/%E5%9C%B0%E7%90%83%E8%B4%A8%E9%87%8F.

[287] 百度百科. 地球半径[EB/OL]. [2021 -04 -09]. https://baike.so.com/doc/2850144 -3007637.html.